涌现 CHEERS

与最聪明的人共同进化

HERE COMES EVERYBODY

A Guide to the New
Materials Revolution

新材料革命
Things Fall Together

[美] 斯凯拉·蒂比茨
Skylar Tibbits 著
李丹 译

浙江教育出版社 · 杭州

你了解新材料吗？

扫码激活这本书
获取你的专属福利

扫码获取全部测试题及答案，
一起探索新材料世界

- 对材料进行编程，就是将可执行的指令嵌入材料中，让材料做出逻辑判断，感知环境并做出反应。这是对的吗？（　）

  A. 对

  B. 错

- 当人体感觉热的时候，衣服会变得透气；当人体感觉冷的时候，衣服会变厚，从而起到保暖作用。这种智能服装正在开发中吗？（　）

  A. 是

  B. 否

- 新材料的进步将对以下哪个领域产生深远影响？（　）

  A. 服装

  B. 家具

  C. 医疗设备

  D. 以上全部

扫描左侧二维码查看本书更多测试题

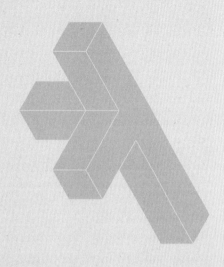

THINGS FALL TOGETHER

A Guide to the New Materials Revolution

01

可编程，
新材料的未来

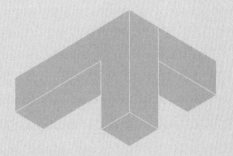

PROGRAMMING MATTER

　　早在 18 世纪初，英国木匠兼钟表匠约翰·哈里森（John Harrison）就解决了当时海员们面临的最为棘手的难题之一：如何在海上航行时计算经度？这一问题对航海来说至关重要，而且一度让所有人觉得解决它的希望渺茫，英国议会甚至提出可以为任何能找到实际解决办法的人提供高额现金奖励。随着全球贸易的增加，海运越来越频繁，船员们必须准确了解船只相对于地球水平轴的位置。由于受到海上恶劣条件的干扰，计时器和导航设备不稳定且不可靠，所以，当时航海的方向极其不精确，因迷失方向而发生的沉船事故比比皆是。

　　科学家和其他人在试图解开这一谜题时，依靠的是天文学、数学，甚至魔法。令人惊讶的是，哈里森的解决方法十分简单且巧妙。他用木头、金属和其他简单的材料及零部件制作了一个"海上钟"（sea clock）。这个海上钟能根据给定的参考位置可靠地记录时间，这样水手们就可以根据该时间与当地时间的差来计算自己的位置。大海不断运动，环境不断变化，机械钟表的误差不断累积，这些因素共同导致之前类似海上钟的发明尝试都失败了。但是哈里森考虑了材料的膨胀和收缩原理，将机械装置设计成能够自然地适应温度、压力、湿度和物理运动等的哪怕最微小的波动。作为一名技艺精湛的工匠，哈里森明白，无论天气如何恶劣、海上环境如何变化、设备如何移动，能够让海上钟长时间保持完美时间差的关键，就是材料能随外部条件动态变化且具有完美的适应性。

哈里森的发明又被称为航海计时仪，它不仅彻底改变了海上航行方式，还改变了我们研究材料的角度，使我们认识到材料能够以智能的方式来适应环境。哈里森演示了如何利用材料特性来解决众所周知的设计和工程问题。从那时起，日常生活中的众多新设备就都应用了这种基于材料的设计机制。例如，恒温器可以利用双金属结构来调节室温或保持发动机的安全运行温度；有些牙齿矫正器由镍钛诺制成，镍钛诺是一种镍钛合金，可以根据体温的变化将牙齿矫正到精确的位置；支架等救生医疗设备使用的也是双金属结构，可以从一种形状转变成另一种形状。此外，通过在高温下以加热和塑形方式在材料中"预先编程"，可以像设定人或机器的行为一样设定材料的行为。例如，当往人体内放置一个支架时，它会先处于非激活状态，以适应狭小的空间，而被体温激活后，又可变形成记忆形状并撑开血管。

然而，这种通过材料来实施简单、巧妙且具有变革性解决方案的方法，在很大程度上仍然局限于少数应用领域，目前还未得到广泛应用。自哈里森时代以来，我们已从以本地化工艺知识指导产品生产的社会，同时也是产品和环境与材料属性实现紧密内在联系的社会，转变为可实现工业化、标准化和规模化生产的社会。实际上，工业革命忽略了前几代人所熟知的材料知识。例如，工厂不再利用木材或金属自身的材料属性，而是开始创建标准化组件，以减少异型件和非标件的数量。我们不再依赖于个人的技能或知识，而是试图实现行业标准化生产，甚至实现量产。这样做主要出于以下考虑：用原木和树枝建造房屋，或用形状奇特的石料建造石墙非常困难，而用若干砖块或任何长宽厚之比为 4 : 2 : 1 的材料建造建筑物却简单得多。同样地，随着环境变化，人类与地球、雨水、太阳、风暴、潮汐变化或泥沙运动等自然力量的关系，从和谐转变为了人类使用机器进行自上而下、蛮力式地发号施令。我们可以在任何地方、任何环境下进行人工建造，如填海造地、疏浚淤泥、引导水流。大部分生产制造、建筑设计和土地使用的标准化，都是在试图对抗材料的动力学特性——尽量减少它们的运动、提高它们抵抗环境力量（包括重力、温度变化、湿度变化、振动、自然灾害等）的能力，其目标是更快地生产更多、更便宜和性能更优的产品。

新的工业革命——材料革命

随着近代计算机的发展和数字革命的展开，人类与材料的这种疏离状态变得越发普遍。数字化和虚拟化①的发展倾向于将普通人与材料割裂开来，并使我们相信"智能制造"意味着是由非常"聪明"的人，或可模拟人类智能的软硬件数字系统实现的。但无论是人类智能，还

---

① 虚拟化指将计算机的物理资源（如处理器、网络、内存及外存等）予以抽象、转换后呈现出来的技术，它不受原始物理资源在数量、组态等方面的限制，使用户可以更好地使用这些资源。——编者注

是生物智能，最终都建立在简单的材料，而不是计算机芯片或机械零部件之上。然而，我们已经越来越无法欣赏和了解材料智能了。

我经常会想到哈里森和他的海上钟，我也想知道：如果今天面临同样的问题，我们会想出同样简单的解决办法吗？数百年后，随着科技创新和技术进步，即使我们已经准备好超越传统的生产工艺，这种简单的设备发明依然能启发所有人以全新的视角看待设计材料的方式。**数字制造技术已崭露头角，合成生物学也不断取得新突破，再加上材料科学和其他科学也实现了突飞猛进式发展，凭借这些，我们不仅可以更好地利用材料的特性，还能以全新方式来创造材料的特性，甚至可能引发一场新的工业革命——材料革命。**

在本书中，我以麻省理工学院（MIT）自组装实验室（Self-Assembly Lab）创始人和联合主管的身份，向你介绍这场新兴的材料革命。[①] 在自组装实验室，你可以看到建筑师、设计师、艺术家、工程师、计算机科学家，以及其他许多研究自组装、新材料的性能或新制造工艺等各种课题的人。我们探索自组装技术在产品设计、生产制造、建筑施工和大规模场景中的应用。立足于设计学、科学和工程学的交叉融合，我们是一所兼具创造性与探索性，坚持简洁设计美学与技术性能并存，时刻遵守设计原则，力图将想法变成现实的科研实验室。究其发展核心，我们的工作完全基于一个信念，即不需要复杂、昂贵且以设备为中心的解决方案，就能生产更智能、更高性能的产品，并实现

---

① 我在 2013 年建立了自组装实验室，经过几年发展，现在实验室成员包括：主管人员贾里德·劳克斯（Jared Laucks）和申迪·克尼赞（Schendy Kernizan），以及来自多个学科的本科生、研究生和全职研究人员。该实验室隶属于建筑系，位于麻省理工学院国际设计中心。

环境的可持续发展。我们寻求使用简单的材料，利用材料与环境的相互关系来设计和创建一个更活跃、适应性更强且更逼真的世界。

作为科学家、工程师和设计师，我们正横跨学术研究和产业领域，不断寻找设计和创造物理材料及实现物理材料编程的方法，我们所能做的甚至超出哈里森的想象。这些材料可以接收信息，执行逻辑操作，感知信息并做出反应。通常我们在生物自然系统中才会看到类似纠错、重新配置、复制、自组装、生长、进化等独特行为，而如今，我们可以在无生命的物质材料中发现这些行为。例如，在自组装实验室，我们已经探索了自然物体、家具、电子设备，甚至陆地建造中的物理零部件进行自组装和自组织的现象。通过了解和探索材料性能，利用材料的可编程性，赋予简单的材料和环境以新的功能，我们已实现材料性能的智能化，并将其内置于产品中，从而实现产品规模化生产甚至定制化生产。

正如本书所讨论的，新材料的进步对机器人、服装、家具、医疗设备、制造、建筑，甚至海岸工程等各个领域均会产生深远影响。通过使用新纤维材料，我们生产出了能够适应温度或湿度变化的服装和纺织品，穿上这样的衣服，人们可在奔跑中保持身体的凉爽或干燥；我们生产出了大小、形状或功能都可改变的家具，它们在海运过程中可实现平板包装，运到后再自行组装。此外，利用多种材料快速打印，我们能量身定制一些新型医疗设备，当它们被置入人体时，能够适应人体内部环境，不需要其他复杂操作即可扩张动脉或气管。从最大的应用范围来看，像沙子这样简单的材料也可以成为一种媒介，利用海洋能量来促成新岛屿或海岸线的自组织。以上这些通过拓展材料新性能，使用途单一的产品变得多功能化，使静态的东西变得逼真和有趣的例子越来越多。

最终，我们需要在更广阔的环境中与材料进行新型协作，与产品建立新关系，通过新的思维角度来看待世界。《新材料革命》这本书认为，我们可以通过简单的设计原则来拓展思维方式，从新角度来思考传统的"静态"机制、产品和环境，并重新定义产品的"智能化"。世界迫切需要高度智能且活跃的"智慧"产品，但目前的智能产品大多价格高昂、设计复杂，而且以电池为动力，易出故障。本书中提到的设计原则指向了一条不同的前进道路。我希望本书能让你停下来思考：**为什么一些"智能产品"可能根本没有那么智能？本书的目的就是展示我们如何利用这些现实世界中隐藏的内在可能性，揭示人类与材料的新关系，挖掘其内在的智能。**

当谈到给材料编程时，我们指的是什么？这种情况又是如何实现的？我们可从一个一般定义开始：编程就是创建一组可执行的指令，这些指令是特定媒介可以执行或处理的。显然，这是编程的一个非常普遍的定义。这里我用的是"媒介"而不是"计算机"，因为，正如我将要解释的，我们可以把一个程序嵌入任何媒介中。每当执行一组指令时，就在执行一种程序。对材料进行编程，就是将这样的指令嵌入其中，以让材料做出逻辑判断，感知环境并做出反应。

可编程材料，材料的未来

我们将可编程材料定义为可嵌入信息和物理功能（如逻辑功能、

驱动功能或传感功能）的物理材料。在整本书中还涉及另一个相关术语——活性物质，这个词代表相关研究人员的扩展领域，他们通过研究大大小小的可编程材料，进而发现可自组装或实现物理转换的高度活跃结构。[①] 在本书中，我将介绍材料的编程方法，并探索这种活跃性能的相关应用。从本质上讲，这些新兴的材料系统的零部件全都是极其简单的，它们被能量激活，从而具有组装、转换和创造新物理性能的能力。

如图 1-1 所示，要实现物理功能转换，材料及其几何形状和能量需满足一定条件。

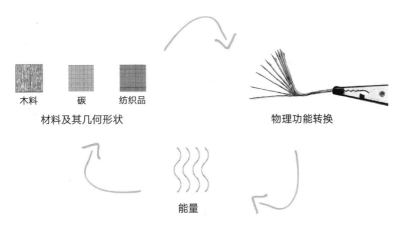

木料　碳　纺织品

材料及其几何形状　　　　　　　　　　物理功能转换

能量

图 1-1　可编程材料的关键成分

资料来源：Self-Assembly Lab，MIT。

---

① 　2015 年，我们在麻省理工学院组织了活性物质峰会，汇集了来自不同领域的艺术家、设计师、科学家和工程师。随后，麻省理工学院出版社出版了《活性物质》（*Active Matter*）一书，其中介绍了一系列有关活性物质进展的工作（Tibbits，2017）。

物质可编程的想法由来已久，但人们对这一概念的理解和实现方式是不断变化的。至少从《星际迷航》（*Star Trek*）中的复制器（replicator）开始，人们就一直梦想着发明一种通过编程可以瞬间创造任何东西的机器。科幻小说中有许多类似的例子，它们反映了人类早期的梦想，比如可以无限缩小的可编程材料单元，这些单元方便制造，并且可以随时随地生长和变形。然而，很长一段时间以来，这个梦想都被认为是无法实现的，最可能的原因就是材料和制造能力的限制。

当然，在某种意义上，材料一直是"被编程过"的，我们周围的每件事物都被编程以感知周遭或通过内在信息运行。最明显的例子来自生命系统：想想我们的 DNA（脱氧核糖核酸），它发出制造人类的指令；或者想想植物是如何向着阳光生长的。日常生活中也充满了这些根据内在信息进行转换的材料。除了复杂的生物，我们还可以看到自然的、非生物的材料，甚至是那些能够感知和响应周围环境变化的合成材料。例如，晶体可以生长和变形，枯死的木材仍会随着湿度的变化而产生形变，塑料也会随着温度的变化而膨胀或收缩。所有这些材料都是非生物性的，既有来自自然系统的，也有来自合成系统的，但它们都展现出了栩栩如生、信息丰富的特点。

手工艺者、建筑大师或任何像哈里森这样经常与材料打交道且会动手实践的人都是今天"材料程序员"的先驱，他们长期以来利用材料的内在性能工作。例如，工匠们在制作家具接缝、船体或威士忌酒桶时，利用木材的内在性能，通过改变制造环境的湿度，制造出了更紧密、更坚固的接缝；金工技工经常利用金属随温度变化而膨胀或收缩的性能来制作精确而牢固的接头；工程师为发动机设计了一种金属零部件，使其能够在不断变化的环境中稳定运行；纺织品制造商经常利用温度和湿度来控制衣服的大小，从而生产出能够实现自我调整的衣物。

然而，在当今社会，新的数字制造技术可在定制材料性能的同时，以更快的速度和更大的规模进行生产，这赋予了人类社会比以往任何时候都更大的产能。计算、制造和材料有着深远而长久的联系。19 世纪发明的雅卡尔提花机（Jacquard loom）被认为是现代计算机的前身，它可通过读取一组具有不同穿孔组合的卡片来织出特定的图案。1947 年晶体管问世后不久，晶体管计算机也诞生了。1952 年，MIT 的科学家们第一次将现代计算机与铣床连接，这为后来的计算机辅助系统的发明铺平了道路，其中包括 1963 年使用的第一个计算机辅助设计（CAD）工具，以及如今用于计算机数控（CNC）加工设计流程的 CAD 和计算机辅助制造（CAM）。这些发明使计算机可通过编程来更进一步地运行生产零部件的制造设备。从电子设备到汽车、服装、建筑、基础设施、飞机，甚至儿童玩具，几乎今天的每一件产品都是按照这种程序，使用 CAD、CAM、CNC 等技术生产出来的。21 世纪的今天，我们通过使用激光切割机、水射流机、3D 打印机、铣床、工业机械手臂和许多其他技术，显著提高了数字化制造能力，实现了复杂工艺制造。越来越多的人了解到材料和机器的特性，同时设计和制造、材料和信息之间的传统界限正在消失。

计算、制造和材料研究的发展引发了材料革命，使材料可编程成为可能。我们不仅可以利用材料内在的感知和转换性能，还可以利用这些快速发展的制造技术来定制材料。正如可以利用合成生物学原理和基因组技术等先进技术来改变 DNA 的"编码指令"一样，我们现在也可以从零开始定制和制造由许多不同材料组成的合成材料。我们不仅可以实现特定基因或材料属性的进化突变，甚至可以制造嵌入"密码"的材料。例如，我们现在可以生产出具有定制纹理图案的合成木材，这种纹理图案在自然环境中无法形成；可以生产出自适应调整的发动机复杂金属零部件；可以生产出根据空气动力学变化的高性能复合材料，以及用于智能医疗设备的多材料打印结构。所有这些材料都是根据可调节和自适应指令进行设计的，可以实现复杂的几何形状，具有多种性能。

从自然进化的材料到综合设计的合成材料，再到完全可编程材料，这整个过程从时装类产品和鞋类产品的持续进化中可见一斑：例如，传统的服装大多是天然棉纺织的，如今合成纤维和高性能纺织产品占据我们的视野，而最近服装行业开始设计更智能的产品——将传感器和执行器嵌入纺织品中，成品从而可根据穿者身体的动作变形。这些类似机器人的"智能服装"，正迅速从笨重的附加设备演变为简洁而智能的衣服。

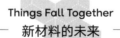

Things Fall Together
新材料的未来

智能衣物，让你不再为穿衣发愁

自组装实验室与美国男士服装初创品牌 Ministry of Supply 等新兴公司已开展合作，开发高度活性的服装，通过材料设计，而不是使用复杂的设备，将纺织材料智能地织成复杂的服装。当人体感觉热的时候，衣服会变得透气；当人体感觉冷的时候，衣服会变厚，从而起到保暖作用。这种衣服可以根据人的体形变化，实现完美的合身度，或者根据不同的场合呈现出不同的美感。可见，我们现在不仅拥有新的纺织材料，还可通过材料设计来获得具有新功能的智能衣物。

人们可能会认为，可编程材料会更电子化或机器人化而不人性化，会更静态化而不活跃，只是等待着被编程。但正如我希望展示的那样，如今的数字制造实际上高度智能化，并不是简单的机械化。同理，材料的可编程也是高度智能化的，并不是机械性地只为完成目标功能。因此，我们需要更深入地了解材料，实现与材料的合作设计，而不是强行使用材料。

本书试图通过新颖的设计和制造方法来介绍材料令人惊讶的，但仍未开发的能力；利用看似使熵逆转[①]的方法，创造简单的材料"机器人"，通过编程使日常物体或环境"活"起来；挑战传统事物会分解的观念，对材料进行编程，使其变得更活跃、更具适应性，并自行进化。我们会问：

- 为什么这么多的物体和环境被设计成静态的？
- 为什么人造的东西通常没有栩栩如生的性能，例如，为什么它们不能生长、变形或自我修复？
- 为什么一个"坚固"的结构通常意味着需要更多的材料、

---

① 熵指物质微观热运动混乱和无序程度的一种度量。使熵逆转，即有序性增加。——编者注

更高硬度的材料？

想想一丛草或一棵树，它们的力量通常不是体现在庞大的躯体，而是体现在高效的分布方式、灵活性，以及能够适应不同地理条件、自我防御或在需要时重新生长的能力。我们将讨论为什么人们对机器人或计算机的外观和行为感到如此满意，以及为什么这一情况正在迅速发生变化。这样，我们就能认识到活性物质存在的新现实。

本书的内容是经过多年的游戏、实验、合作、失败，以及在自组装实验室中发生的一些愉快的意外之后形成的，但它们远远超出了我们的工作，跨越了多个学科，并在许多不同的领域实现了令人惊讶的应用。可编程材料这个新兴领域正是科学和工程严谨性与创造力、娱乐性及想象力碰撞的火花。然而，要想在这一领域取得进步，不仅要能解决技术问题，还需要自由创造探索、敢于承担高风险的能力，当然，大胆假设也很重要。因此，在本书中，我们将以当今不同领域的天才设计师、科学家和工程师所取得的技术进步为具体例子，介绍近期的思想实验和未来的可能性。毕竟，虽然这一新兴领域正在迅速发展，并实现了显著的进步，但它仍处于早期阶段，许多潜在的影响或应用尚未出现。在这场材料革命的开端这个激动人心的时刻，我希望未来以完成这场革命为愿景，不断取得进步，激发新的应用和合作，充实活性物质领域。

THINGS FALL TOGETHER

A Guide to the New Materials Revolution

02

建立数字化世界
与物理世界共生的系统

COMPUTING IS PHYSICAL

当研究一台电脑时，我们看到的是一台将物理信息转换为数字信息的机器。密集的按键输入可以转换成由 0 和 1 组成的数字信息，紧接着，硅片、晶体管、芯片和驱动器对这些数字信息进行计算和分析，然后输出我们需要的数字信息。这台机器通过键盘按钮将我们的思想和思维转换成 0 和 1 的组合。它可以接收指令、执行逻辑操作，并神奇地将信息从物理形式转换为数字形式。

现在再考虑一下从数字信息到物理信息的转变过程：电脑可以连接打印机来打印纸质文件，如今甚至可以将电脑连接到 3D 打印机上，直接将实物打印出来。我们还可以将电脑连接到电机上，通过发送代码来驱动电机移动一些东西。软件和硬件技术的不断进步使得从数字信息到物理信息的转换更为容易。像开源硬件 Arduino、Makey Makey 和 Little Bits 等平台可将计算机代码转换为物理环境，任何软硬件爱好者都可以使用它们来轻松地开发交互式电子设备。近年来，由于人机交互、触觉学、用户体验和界面设计、交互设计、物理计算等新兴领域的发展，物理信息与数字信息之间、人与机器之间的界限变得越来越模糊。

然而，早期的计算形式没有这样的界限。计算机只是物理上的，也就是说，当涉及计算时，那时的计算机没有所谓的转换过程。几个世纪以来，计算就意味着使用算盘、古秘鲁人的结绳文字或一把鹅卵石进行加减。同样地，一些早期的"计算机"实际上是美国国家航空航天局（NASA）起到计算作用的杰出女性，她们在帮助人类登陆月球的复杂计算中发挥了至关重要的作用。

从 19 世纪上半叶的雅卡尔提花机、埃达·洛夫莱斯（Ada Lovelace）和查尔斯·巴贝奇（Charles Babbage）发明的差分机（Difference Engine）和分析机（Analytical Engine），到一个世纪后万尼瓦尔·布什（Vannevar Bush）的微分分析器（Differential Analyzer），这些早期的计算机器都是用齿轮、滑轮、皮带或电子管制造的，每一台都是用来进行转换和计算的。当我们将这些机器与今天的计算机进行比较时，就会发现它们是"模拟的"，因为它们都是有"噪声"的。这些噪声，不仅指人耳听到的嘈杂声音，还指机器在材料、结构组成、运行机制方面的性能。通俗来说，随着机体变得更大、更复杂，它们的性能却下降了；齿轮越多，复杂的部件也越多，它们就越容易损坏；机器运行的时间越长，也越有可能损坏；随着运行时间的增加，累积的公差和误差也会增加，比如齿轮或滑轮上的小误差可能会累积起来，使机器在数百次或数千次循环之后偏离正常运行的轨道。此外，这些早期的计算机器受房间温度或湿度的影响，很容易膨胀或收缩，从而导致其性能发生意外变化或出现维护错误。早期计算机器的性能受材料等物理条件的影响非常大，第一个计算机"漏洞"（bug）据说是在哈佛大学的"马克二型"计算机（Harvard's Mark Ⅱ）里发现的——一只困在继电器里的飞蛾导致其停止运转。

20世纪40年代左右出现了"数字"计算的概念。当时，信息论的奠基人克劳德·香农（Claude Shannon）发表了有史以来最有影响力的论文之一，他在文中首次提出了数字信息和通信的概念，展示了如何用不可靠的设备进行可靠的通信。香农详细阐述了如何以可靠的方式将信息从一个地方转移到另一个地方的原则。这些方法可以应用于宏观尺度的物理材料，例如机械计算机（mechanical computer），或者发展成如今的硅电子学。然而，在20世纪40年代，人们最关注的是如何通过嘈杂的电话线进行通信。香农理论的核心思想是，当信息从A点发送到B点时，差错很容易就会悄悄出现，就像小说《私语巷》（Whisper Down the Lane）中的游戏那样。但是如果建立了一个纠错系统，如检查和平衡系统，当发送了同一信息的多个副本，通过这个纠错系统的交叉检查后，就可以确保接收到的信息是完全准确的。这就是"数字"的本质。

第一批被认为是"数字化"的计算机，即使其制作过程融合了香农的误差修正和可编程原理，也仍然主要是由机械部件加上电子开关制成的。例如，计算机理论的奠基人艾伦·图灵（Alan Turing）的图灵机和布莱切利园（Bletchley Park）密码破解者使用的计算机，与战争时期的恩尼格玛密码机（Enigma-breaking Machine）、巨人计算机（Colossus），以及由约翰·冯·诺伊曼（John von Neumann）研发的被誉为第一台通用电子计算机的ENIAC（Electronic Numerical Integrator and Computer）一样，都是用电子管制造的，仍然依赖纸带或手动电缆交换来输入数字。这些数字化机器的运行速度很慢，很难进行编程，而且体积巨大，随着科技发展，最终它们被淘汰。1947年贝尔实验室发明了晶体管，使计算机的组成从齿轮和电子管向硅片和晶体管跨越。这些基于晶体管的计算机体积更小，运行速度更快，在此基础上，到20世纪70年代，人们最终发明了家用台式计算机。如今，即便发送者和接收者之间距离遥远，甚至处于不同的时区，现代计算机在计算和通信方面仍然保持着准确性，这在一定程度上要归功于香农在40年代所做的工作。然而，由于计算机硬件趋向于小型化且可靠性提升，我们认为"计算本质上是物理的"这种想法已经因为过于简单而不复存在了。

伴随着计算机的发展，1952年MIT发明了第一台数控机床，这台数控机床的诞生为之后的计算机运行个性化的制造设备铺平了道路。在此基础上，人们陆续发明了数控铣床、激光切割机、水射流机、3D打印机等其他工具，这些工具对个人或工厂来说都很容易获得。就像编程成为设计师和软件开发者所使用的新工具一样，编程也使新的物理制造形式能够从设想变成现实。在过去的几十年里，随着数字制造和创客运动的兴起，我们在工厂实验室、技术商店和创客博览会中看到越来越多的实体制造物，人们在这些地方可以了解材料的特性。这一发展在一定程度上引发了我们正在经历的材料革命。随着人们对材料的兴趣不断增长，新的生物材料和合成材料也将不断出现，现在可以像制造计算机一样制造数字材料和可编程材料了。

近年来，数字材料被定义为一组材料零部件，这些零部件能以精确但可逆的方式进行组装和拆卸。数字材料这一概念可以应用到DNA、乐高积木、压配式组装件或许多其他独立构件中。然而，数字材料的这个定义并不能完全直接地说明材料的性质。在实现材料可编程的过程中，当然会涉及模块构建，但它对材料的属性依赖很大。可编程材料不但携带数字信息，可以实现零部件的挨个组装或拆卸，而且其各组分都可以携带信息、感知刺激，并以复杂的方式作出反应。这样，我们就得到了从数字材料进化而来的完全可编程的材料。

如今，我们往往只把计算与笔记本电脑或手机联系在一起，而忽略了使计算成为可能的材料性能。也许是因为电脑里的元器件太小，我们看不到现在数字化计算机的内部工作原理；此外，计算机运行依赖的是看不见的电子过程，这一过程极其复杂，普通用户很难理解。可以说，我们大多数人其实并不能真正理解计算机是如何运行的，而只是把它当成理所当然，就像魔法一样。也可能是因为科技发展得如此之快，以至于当我们轻松键入一行代码或快速发送一封电子邮件时，完全忘记了是晶体管中的硅、电路板中的焊料，甚至是复杂的电路等这些非常具体的材料及其特性才使这些"计算"成为可能。根据摩尔定律，芯片上组件的数量会越来越多，尺寸也越来越小，可见，如今我们对经常用来打字输入代码的物理计算机的认识，与对其内部能够进行计算的微小零部件的认识出现了严重脱节。

随着我们的世界渐渐虚拟化，计算设备越来越多，每天的视频会议越来越多，周围的虚拟现实产品越来越多，这也就很容易解释为什么我们曾经被蛊惑，认为未来是数字的而不是物理的。然而，当我们对数字化联系越来越多而物理联系却越来越少开始感到奇怪时，我们意识到数字化联系的增多不一定以减少物理联系为代价。随着数字设备的使用越来越多，我们不再线下见面，不再共同欣赏那些实实在在的自然风景，这实际上创造了对物理联系的新需求。

以全球暴发的新型冠状病毒肺炎①疫情为例，大家的许多互动都被降级为网上联系，而这十分清晰地凸显了我们日常生活中的物理联系及与物质实体的接触多么重要。因此，随着我们的世界变得越来越数字化，我们实际上需要彼此之间、与我们的产品、与我们的现实环境建立越来越多的物理联系。**我们现在意识到，最美好的未来是这两个世界可以完美地连接在一起。我们可以利用数字化技术和物理材料创造一个混合和互联的世界，而不是虚拟化或数字化世界与模拟的或物理的世界割裂开来。**

计算的本质仍然是物理的，一如往常。它仍然依赖于准确的材料特性，如电导、电容、密度、刚度、不透明度，甚至依赖来自我们双手的键盘输入。激活材料的核心是发现这些材料的新特性，并延伸这一基本事实。它试图想象和开发出不同形式的计算，这种计算可以具备当今隐形数字计算的所有优点，同时可以利用人类范畴的物理属性，比如那些我们可以看到、感觉到、触摸到，甚至可以用来娱乐的物理属性。我们通常认为计算机是静态的和电子化的，现在是时候采用一个新的视角来看待这件事情了。我们不再局限于计算机屏幕的范围内，而是力图实现以数字化联系和物理联系共生为中心的计算愿景，将计算机和材料的能力结合在一起。那么，这将如何改变我们看待周围世界的方式呢？

---

① 2022 年 12 月 26 日，国家卫健委发布公告，将新型冠状病毒肺炎更名为新型冠状病毒感染，本书成书于 2021 年，故延用旧称。——编者注

材料计算，一切材料都可以是计算介质

如果从广义上来看计算的定义——将信息从一种形式转换为另一种形式，那么很容易可以找到现实中的例子。例如，密码锁可以演示从代码到现实设备的简单信息传输机制，它只有在输入正确的数字组合后才可以打开。**材料计算是指将如今数字计算形式中一些更为复杂的特性嵌入材料对象，例如像复制和粘贴功能一样对材料进行模块化设计或重构，或是像计算机病毒一样进行复制和错误纠正。**反过来，我们甚至可以想象有一天将现实世界中的一些独特物理性能，例如可伸缩性、弹性或透明性等，整合到如今冷冰冰且静止的计算机中。这些目前只是想象，看起来很遥远，但如果我们能够充分利用材料计算，可能这一梦想的实现速度会比我们想象得更快。

材料计算的一种方式是形态学计算，这一计算主要研究的是几何形状、材料和计算之间的关系。这种形式的计算可以利用对象的物理属性及其相互之间的作用来完成。我们可以在机器人领域看到形态学计算的应用。你可以在想象中尝试设计一个软件和硬件都很复杂的步行机器人，设计一个可以自己走下斜坡的机器人，甚至可以试着设计一个机器人机械装置和软件程序，来指导机器人如何顺畅地走下斜坡。你需要在每一个时间点对每一个电机、齿轮和关节进行编程，这很快就会变得非常困难。或者你可以设计一个轮子或某种类型的多腿结构，它可以利用不断向前的惯性沿着坡道走下去；或者设计一些摇摆结构，使之可以通过"几乎要跌倒—使自己平衡—再跌倒"的方式不断沿着坡道走下去。大部分任务将依靠斜坡和重力的作用来完成，从而帮助引导机器人从斜坡的顶部走到底部。这就是形态学计算，使用物理材料和彼此的相互作用力来使一些较难的计算程序成为可能。

若创造出可以自己走下斜坡的合适的物理材料结构，我们就能利用它来解决制造机器人所需面对的许多软件和电气化问题。换句话说，仅通过物理材料之间的互动和环境作用力的影响（就像在前面例子中重力的影响），材料结构就可通过自动"计算"来获取机器如何走下坡道的知识。

更广泛地，对于具有不同物理属性的材料，研究它们是如何以不同的性质或以不同的机械结构和几何结构组合在一起的，可以形成材料计算的基础。材料计算可以出现在各种场景中，例如机器人应用、信息存储和处理，甚至可用来处理物理变化，也就是事物如何从一种形式转变为另一种形式。材料计算允许我们探索所有这些场景，这将是对以硅这一材料为基础的电子计算这一传统概念的挑战。

作为一套理论框架，"图灵完备性"（Turing completeness）的概念可以帮助我们理解不同形式的材料计算与传统计算的差别。以艾伦·图灵的名字命名的计算机，如果能够模拟任何其他计算机，就可以被称为具有图灵完备性的计算机或计算通用型计算机。更具体地说，为了实现计算上的通用性，计算机需要证明它既可以应对条件分支情景，即具有"如果存在什么条件，那么就能实现什么"的程序，也可以读写内存，或是通过输入改变程序得到一个新的输出。从计算机科学的角度来看，今天现实世界所有的计算机都是高效且通用的，除了它们没有无限的内存这一事实。当我们讨论材料作为一种计算介质时，我们可以考虑它们可能具有何种类型的计算意义——这一考虑举足轻重：

- 这些材料计算机是通用的吗？
- 它们能像其他计算机语言或编程语言一样执行所有类型的

计算吗？

- 它们能进行其他类型的计算吗？
- 它们的计算能力会受到限制吗？

我们前面讨论的密码锁工作机制就存在这样一种条件分支：如果输入的是正确的数字组合，那么可以打开锁；如果输入的不是正确的数字组合，那么就打不开锁。然而，密码锁没有能力自行改变设定好的程序，它只能读取程序。因此，密码锁显然不是通用计算机。

Things Fall Together
新材料的未来

DNA 硬盘，可用于存储和计算的 DNA

最近，科学界已着手对 DNA 计算和"DNA 硬盘"进行研究，它们的计算方式很像传统计算机，但有许多独特性能。DNA 的计算能力是通用的，因为它可以进行有条件的编程。也就是说，如果这些碱基匹配，那么就可以继续往下进行。而且，DNA 的编码程序中就包含读写功能。正如我们在基因突变和进化生物学中看到的一样，遗传密码可以通过 RNA（核糖核酸）、DNA 和核糖体之间的关系，被无限次数地书写、改变和复制。这些遗传机制允许 DNA 被读取和写入，并执行特定的任务或创建螺旋结构的副本。

研究人员发现，我们可以重新利用这种众所周知的生命密码技术来存储和检索其他类型的信息，不过是以碱基对的形式，而不是以 0 和 1 组成的数字信息为单位。在《再创世纪》（*Regenesis*）这本书中，工程师和分子遗传学家乔治·丘奇（George Church）形象地诠释了他们如何把这本书的整个文本自定义编码成一个 DNA 碱基配对序列，进而形成一条 DNA 链，然后通过 DNA 测序进行读取，从而重新得到精确的文本。丘奇证明了 DNA 可以像硬盘一样用于信息存储和检索，这也就进一步证明了我们可以利用 DNA 的独特性能进行计算，并为这一计算方式的进一步研发开辟了探索的途径。

其中一种情况是，在不久的将来，科学家们有可能制造出可以自我纠错、修复和复制的 DNA 硬盘。在丘奇的任何一个 DNA 硬盘中，可能都有数百万条 DNA 链，其中就包含了他那本书的内容。检索时，他得到的书不是一份，而是数百万份。而且，如果其中一条 DNA 链的代码存在错误，那么就可以通过改变碱基对的顺序，或利用数字技术，在提取信息时将这条 DNA 链与其他 DNA 链进行对比来检测和修正错误。书的内容甚至可以自我复制，从而产生数百万本相同的书，这些副本就是数字文件，跟之前那本书几乎一模一样。这本书的 DNA 副本可能会存在数千年，就像我们从化石中提取的 DNA 一样，比纸质书，甚至可能比电子书存在的时间更长。想想我们之前用过的 CD、压缩磁盘、VHS（Video Home System）像带和盒式磁带最终的命运吧，所有这些都在提醒我们当代技术的脆弱性。

　　然而，从实际角度来讲，生物计算和信息存储材料可能不会完全取代传统计算设备。利用生物计算和信息存储的目的是挖掘生物材料的内在性能，并通过计算对其进行增强。如果我们可以利用生物材料进行计算，那么就可以让生物材料计算机具有靶向功能。生物材料在很多方面已经做到了这一点。通过计算手段增强生物材料的性能，我们就可以创建一个由逻辑和复杂程序组成的网络，这是自然无法做到的。如图 2-1 所示，科研工作者塔尔·达尼诺（Tal Danino）对细菌等合成生物材料进行编程，从而直接在人体内瞄准癌细胞并对其进行治疗。

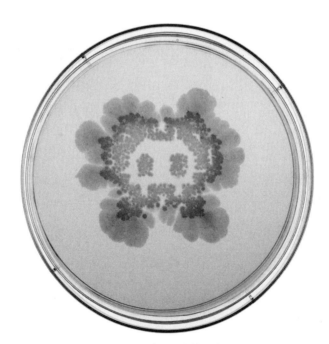

图 2-1　用于癌症治疗的可编程细菌

注：可编程细菌以精确的模式印刷后，可以进化和成长，与人类协作完成一幅艺术品。

资料来源：Tal Danino。

研究人员虽然利用了生物材料的基本性能，但是通过输入新的信息和程序以编程的方式增强了这一功能，从而创造出一种强大的治疗方法，这种治疗方法可以通过直接对身体细胞所需细菌进行编程来达到治疗的目的，而不需要在身体系统中放置外来设备或药物。其他研究人员在利用生物材料的学习和适应能力的同时，也一直在构建包含机器学习技术的生物回路。这种方法使用了自然智能材料，并将其与人工智能原理相结合，从而设计出更复杂的程序。这些混合计算和生物性能的机制，可能在医学和其他有关生物医学的应用领域中具有令人难以置信的应用价值，向我们展示了一种正在迅速发展的新解决方案，也创造了一个不同的计算模型，一个纯粹基于生物材料而不是基于电子和设备的模型。利用这一模型，我们可以使用材料的特性来解决问题，而这在我们传统的基于计算机的计算形式中是完全不可能出现的。

越来越多的材料被应用于提高计算能力，但其实它们可能并不总是以通用的或最有效的形式被使用。一些使用了新材料的计算机的计算速度可能比传统计算机慢，或者它们的容量可能比当今的超级计算机还小。然而，材料计算之所以能成为一种很棒的计算方式，其背后可能还有许多其他原因：

- 设计师们一直在探索材料计算的各个方面，他们主要关注材料在环境中的感知和动态响应能力。
- 就像我们在 DNA 硬盘中看到的那样，科学家们正在开发一种方法，使材料计算更加灵活、适应性更强、可以进行自我修复和自我复制。
- 如果想要发明一个可以放置在体内的计算设备，那么就需要用一种基于生物的计算介质来取代超高速、高容量的传统计算物质。

与新兴的生物材料设备和计算机相比，我们今天植入体内的一些传统设备，如心脏起搏器等，可能就显得过时和粗糙了。新兴生物材料设备或计算机比传统设备更加坚固。此外，它们的特殊性能保障其可以适应身体的律动，而不需要使用传统的电子设备，传统电子设备往往十分笨重或可能出现危险故障。目前这些传统的电子设备是不具有这些特性的。然而，不仅生物材料具备这些特性，在许多天然合成材料，如金属、塑料，甚至各种液体中也能发现这些特性，它们都能自我纠错和自我修复。

斯坦福大学的物理学家和生物工程师马努·普拉卡什（Manu Prakash）已经证明，气泡可以在物理电路中移动并执行逻辑运算（见图2-2）。他展示了多个水滴实际上可以作为一个同步的、通用的计算机，甚至取代电路中的电子器件和晶体管。普拉卡什解释说，计算与物理定律之间有着内在的联系，因为比特是物理实体；我们可以用计算机来操纵材料，就像我们可以用计算机来操纵信息一样。他说，我们可以通过对数百个水滴进行任意逻辑操作，这些水滴围绕着邮票大小的金属框架移动，就能构建计算机的所有基本机制。他说："这不是为了更快地操纵信息，而是为了更快地操纵材料。"这项工作特别令人兴奋，因为基于它我们可能发明出一种基于水滴的计算介质。通过这种介质，再结合信息和环境，我们可用极快的速度构建或改变物理材料。例如，环境温度的变化可能会导致计算状态和物理输出状态发生改变，从而改变信息可视化的方式，甚至通过流体界面将计算转换为人类的交互方式。

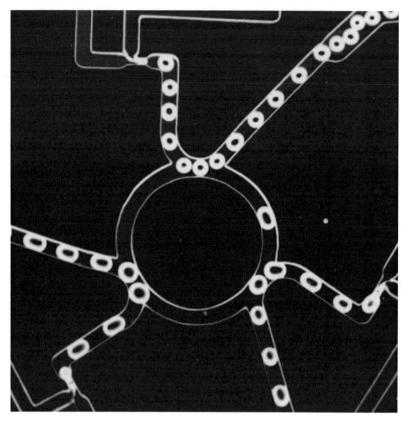

图 2-2　微流控气泡逻辑

注：图中的环形振荡器显示了流控逻辑的可级联性。

资料来源：Manu Prakash et al。

　　以水计算和其他各种以材料为基础的计算为例，数字领域就是物理领域，所以环境会影响材料计算的方式。材料计算所需的能量可以是以温度、湿度、阳光、声音或其他形式呈现的来源广泛但未经充分利用的能源。通过这种方式，也许有一天材料计算可以为我们应对能源挑战、电力短缺或化石燃料能源需求日益增长等难题，提供替代解决方案。我们也可以把世界上的水资源想象成一种计算介质，这样的话，自然可以提供充足的计算资源和存储空间，或许我们随时随地就能拥有进行复杂计算的能力。也许这些梦想在此刻显得有点遥不可及，但是如果我们能把任何材料都变成计算介质，它们可能会改变我们看待世界的方式，改变我们与周围世界互动和沟通的方式。

材料沟通，我们应与材料和电子设备合作

前面介绍了利用物理材料进行计算的方式，而任何计算平台的关键组成部分还包括通信和连接。除了在内部完成计算外，计算平台还可以向外部传递信息。例如，数字电子学和计算科学通过全球通信的方式，极大地改变了我们的世界。事实上，现在我们可以在几秒钟内在任何地点与另一个人（或另一台设备）开始交流，而不需要任何现实距离上的接近或电线的连接，这是一项令人难以置信的成就。由于信息交流和沟通均是通过无线连接进行的，因此肯定感觉不到物理距离的存在。然而，信息的交流和沟通都根植于物理实体。

我们可以通过材料之间的相互作用来更清晰地理解这一点。两种在物理空间中互相靠近的材料可以通过推、拉或其他方式相互作用，以此来传递信息、感知和激活对方，从而创建一个交流平台。想象两个人轻拍对方的肩膀，互相指着对方。这个简单的身体动作，可以在人与人之间传递信息。或者想象台球之间的相互碰撞，以物理作用力的形式传递信息，并引起物理反应，将信息转化为新的信息，即台球的新状态。可以将台球的每次接触记录为 0 或 1，或某种其他类型的

符号，这样一来，就可以用台球游戏来表达一首诗、一个算式或一部音乐作品。事实上，我们已经证明，台球可以体现数字逻辑，并可以作为一台具有通用功能的计算机来运行。

在我的 MIT 博士论文中，我开发了一系列被称为"逻辑物质"（Logic Matter）的物理构建模块，它们可以通过改变几何形状和装配顺序来体现布尔逻辑功能，即利用类似搭积木的不同堆放方式来表示 0 或 1，并通过这种方式来输入信息。这些构建模块可以指导或中断连接，并形成三维结构，以此来表示逻辑电路或正在执行的一些简单计算，如图 2-3 所示的与非门：上图，[1，1]=0；下图，[0，0]=1。通过这种方式，我们可以根据一些预先确定的代码来组装构建模块，然后可以像使用计算器或算盘一样来用它们进行计算，甚至可以将它们用作硬盘来存储信息。也许这些例子并不能展示计算的最有效形式，但它们可以展示那些通过本地的物理联系而实现的信息翻译活动。

然而当我们从全球的角度来看待这一问题时，材料沟通就变得更具挑战性。这是因为位于房间一侧的一块材料可能无法像我们人一样，看到、感觉到或触摸到位于房间另一侧的另一块材料。因此，我们可能会得出这样的结论：材料不可能用于全球或远程通信。

理解这一问题时，我们需要考虑以下两种观点。第一种观点认为，全球通信可以通过一个"从数字到物理"的混合接口实现。不要孤立地看待物理材料和数字设备，而是要想象它们可以在一起工作。

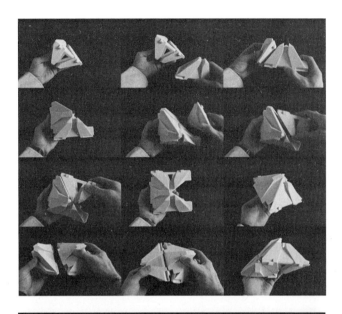

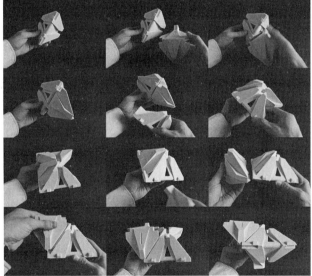

图 2-3 通过改变几何形状和装配顺序来体现布尔逻辑功能的物理构建模块

资料来源：Skylar Tibbits。

我们知道，材料能够感知周围的自然环境，包括湿度、温度、光、压力等，而电子设备则可以很容易地进行全球交流，因此它们或许可以协同工作。例如，电路板上的无线网模块很难与环境进行物理交互，或在桌面上移动。让一块原材料与地球另一端的人进行无线通信也是一项挑战。因此，更有意义的是使用无线网芯片进行通信，并将原材料作为与当地现实环境进行通信的物理接口、传感器或执行器来使用。例如，一块简单的木板可以感知环境中的湿度，如果这种感知能激活无线网芯片，我们就能获取全天的湿度信息。按照这个思路，我们可以与材料和电子设备建立合作关系：人类充当设计师，确定整个系统要获得的有关功能、意图和行为目标的信息；木板这样的材料在自然环境中发挥作用，充当物理传感器和执行器；电子元器件则可以在全球范围内传递信息。三者之间的合作充分利用了各自的优势，可谓是天衣无缝。

第二种观点认为，如果在不久的将来，材料可以远程感知、驱动和影响另一种材料，我们就可以实现材料的全球通信。最近的研究表明，当树叶和树枝碰到彼此时，它们会通过这一物理接触进行交流；然而，它们还可以通过土壤或空气中的化学物质或植物根部生长的真菌来进行远程交流，并将蚜虫攻击等警告传递给它们的邻居。更令人惊讶的是，MIT 的科学家最近开发了一种植物和人类交流的方法。通过这种方法，菠菜可以感觉和探测到爆炸装置，并发出荧光信号，而人类制作的装置可以探测到这种信号。这也告诉我们，植物不仅可以感知环境并与其同类沟通，还可以与外界进行交流。蚂蚁、黏菌和许多其他物种通过分散的化学信号进行交流，而不是像大多数人类那样通过听觉信号进行交流。人类和许多其他物种也可以通过非语言信号进行交流，如手语、肢体语言、面部表情和身体接触等。我们有许多方法可以创建本地和全球通信。事实上，在利用固定电话或无线信号进行现代通信之前，人类就已经开始利用许多远程技术来进行通信，如烟雾信号和莫尔斯码等。这些技术通过将原始信息转化为规律可循的符号、图形等信息，最终实现长距离通信。我们同样可以利用这些简单而又复杂的物理技术来进行本地和全球通信，从而实现材料通信的设计。

最近也出现了另外一些案例，部分研究人员利用简单的材料性能开发了远程通信。科学家们创造了一种印刷晶格结构。它具有可变形天线的功能，也就是可以通过改变环境温度来改变天线的共振频率，从而控制两点之间的信息发送和接收，而这两点具有不同的频率。想想扬声器和麦克风这对日产生活中的常见之物，它们具有相同的工作机制，但功能相反：扬声器可将电流转化为声音，而麦克风可将声音转化为电信号。扬声器输出的声音和麦克风输出的信号都是由一种物理材料，即通过振动可以产生或接收声波的薄膜产生的。材料振动可以产生声音，将信号从一个位置传送到另一个位置，然后另一种材料通过振动接收信号。再看另一个关于材料与声音信号的例子：黑胶唱片可以通过凹凸不平的沟槽等物理图形来传递信息，即通过它们来存储歌曲的信息，并通过振动的扬声器将这些复杂的物理图形转化为优美的音乐。

我们可以设想一个实验。如果有一层薄膜，它可以被红外线激活并振动，我们可以用它来创造半全局通信。我们可以把这样一层薄膜放在房间的一端，让它接收红外光脉冲，并开启开关模式，从而可以移动；可以把它看作扬声器，能够产生振动。在房间的另一端，我们可以放置另一块同样的材料，作为麦克风，来接收扬声器的振动。随着麦克风的振动，我们可以读出信息。麦克风的振动频率与扬声器上红外线的照射有关。

这个假设的例子展示了两块物理材料是如何进行通信的，同时，这个实验也发明了一个无线红外测量仪，显示了材料可以通过不同寻常的方式来进行通信，并将信息从一个位置传递到另一个位置。这个例子提醒我们，目前的信息和通信手段实际上相当物理化，如果我们可以更多地关注并研究材料的内在性能，就可以创造物理和数字的混合体。这些混合体可以当作计算和通信平台的模型，利用材料属性来创造最佳的解决方案。

计算没有效率，但更有创意与活力

一些计算机科学家认为，计算的基本面相归根结底即弄清什么能实现自动化。但是，如果计算不只是用于提高效率、实现自动化或优化设计呢？如果计算是用来提升创造力和解决我们生活中所有其他混乱的问题呢？为什么计算被降级为只用来解决有关实用、最优化或高效率的问题？

台式电脑的第一个应用程序是电子计算表格，但幸运的是，这并不是终点。个人电脑很快开始通过如今大家几乎每天都使用的音乐、摄影、游戏、视频编辑等应用程序，来满足我们所有奇怪且个性化的兴趣。也许，当今计算最令人感兴趣的新兴领域就是人工智能和机器学习——因为它们带来了创造性和美感。例如，谷歌的图像生成器就创造了不可思议的场景，这些场景是人类几乎无法想象且难以创造的，更不用说使它优化或解决它面临的问题了。我们应该加快实现计算的创造性和生成性，而不仅仅是将计算优化。提高效率和实现自动化需要提高速度、提升性能，以及给出最佳的解决方案。然而，计算的尽头是创造性计算，在其中我们可以探索创造性艺术、设计和计算的交叉融合。西摩·佩珀特（Seymour Papert）、米奇·雷斯尼克（Mitch Resnick）、缪里尔·库珀（Muriel Cooper）、约翰·梅达（John Maeda）和其他许多人开创了有趣的计算和创造性编码，以此来激发大家的好奇心，鼓励探索。在由本·弗莱（Ben Fry）和凯西·瑞斯（Casey Reas）开发的交互式图形编程语言 Processing 中，每个文件都被称为"草图"（sketch），即用户用代码将其所思所想、瞬间的灵感以奇特、抽象，甚至具有艺术性的符号表现出来的作品。这一工作理念正是人们所期望的，有时我们会犯错误，会感到惊讶，会有一些新发现，但我们并不是为了优化或试图找到一个单一有效的解决方案。计算本身可以用来获取灵感，就像快速的素描可能会让观者产生误解也可能会体现出创造力，或者像水彩可以混合也可以模糊细节和不确定性之间的界限。创造性编码活动也可以允许新想法的出现。

同样地，我们可以创造性地利用物理材料的这些计算有限性。不同的材料具有不同寻常的特性，这些特性可能不会提高计算速度或计算能力。在计算速度方面，可能不会有比硅更快的材料，也可能不存在具有无限存储容量的材料，尽管 DNA 硬盘在某种程度上可能会实现无限存储。传统材料的某些性能非常奇妙，不同寻常，而且是动态变化的。我们应该挖掘它们的这些特质，从而用它们来做一些有趣的事情。

利用可编程材料，我们可以使材料更具有活力。我们可以构建一些简单的组件，将它们组合起来，实现令人惊讶的功能：有的组合可放大某一性能，有的可以拓展出存储功能或提升效率，有的兼顾创造力、表现力和趣味性或体现逼真性。材料也可以充分体现多态性。多态性在计算机科学中，是指利用一个代码就可以显示许多不同的输出。这就产生了一个非常有趣的难题：如果你掌握一组线性指令（就像用代码写的算法一样），或一种材料中的一组物理性能（如感知、驱动、折叠、卷曲、扭曲等），或一组舞蹈的编排规则，或布莱恩·伊诺（Brian Eno）算法音乐中的一个程序，或实现索尔·勒维特（Sol LeWitt）艺术作品的指导，那么怎么可能会出现意想不到的事情呢？如果人们可以很好地理解规则，也可以弄清楚规则所规定的操作或程序，那么怎么会发生令人惊讶的事情呢？多态性就在试图解释这一点。多态性是一种从不同背景下相同输入信息中得出差异化输出信息的能力。拥护多态性的观点坚持认为，即使使用相同的输入信息和相同的程序，也可能出现不同的结果。这是材料在计算中带给我们的惊喜和美妙的地方。

现在我们设想一个实验。假设我们可以设计一种复合材料，它的某些部分可以被水分激活，其他部分可以被热量激活，且这两种区域的排列模式为交替的。这样一来，我们就可以对以这种复合材料制作的条状结构进行激活实验：当对水分敏感的区域被激活时，它们会弯曲，并且整个结构就会变成一个有 4 个角的正方形；但是，当材料加热到没有水分时，之前没发生反应、对水分敏感的两条边将会向相反的方向弯曲，形成一个圆形。如果我们用热水来激活这个材料结构，就会产生完全不同的效果：水分敏感区会向下弯曲，热量敏感区会向上弯曲，就会得到一个正弦形状的结构。更进一步，如果我们用这种复合材料制作一种框架形结构，把对水分敏感的区域放在它的底部，把对热量敏感的区域放在顶部，当阳光从上面照射时，它会变成另一种形状，而如果你把它放在一个水坑里，它的形变又会完全不同。可以看出，材料的物理结构，也就是材料之间的关系，在不同的能量、不同的激活时间等环境影响因素的作用下，会有不同的表现，即使使用的是相同组合的材料。而这些不同的作用就会塑造出不同的几何形状或形成不同的图案。这就形成了可施加于材料的逻辑操作：如果遇到水，那么运行 X；如果遇到热量，那么运行 Y；如果由水和热量同时作用，那么运行 Z。基于这个原理，在变化的自然环境下，我们就可以设计出非常复杂但令人惊讶的高性能材料计算机，这不但与有效地解决问题或实现人工自动化有关，而且与新发现、新设计或新性能有关。

另一种通过简单规则创造分化的思考方式是考虑化学形态（morphogenesis）的物理体现，这是一个令艾伦·图灵着迷的话题，也是他在 1954 年去世前的工作重点。形态发生是化学、生物或物理过程的分化，也就是可以从像细胞一样的同质构建模块中生长出复杂的结构，如斑马条纹、猎豹斑，或者人类的所有复杂性结构。形态发生由同质系统中随机干扰所触发的不稳定性激发，可实现系统的激活和停用。自然环境的不稳定性和随机波动，加上基于材料的简单规则，可以带来令人难以置信的复杂性。诸如混沌理论和复杂系统等研究领域都专注于研究从简单规则集合中产生的复杂性。复杂系统通常会设置非常重要的初始条件，如遗传密码或编程行为，以及反馈机制。在这两个条件的作用下，即使是环境中的简单变化也会产生截然不同的结果。常见的假想实验是把一块大理石精准地扔在山顶上，山脊一侧或另一侧的微小变化都会导致大理石最终到达山底的路径截然不同。

即使是同样的大理石和同样的山，微小的变化也能产生完全不同的
结果。

现实环境是一个完美的培养皿。在这个培养皿中，计算材料可以
蓬勃发展，从而产生复杂的和具有创新性的结果。这种可能性在设计
和工程方面的应用已经非常成熟。设计师可以想象一个由编码材料规
则集合和环境中随机波动因素构成的产品：一个新的模式或结构可能
会出现，就像变色龙一样不断变化，但都是由相同的物理材料构成的。

细胞自动机（cellular automata）是一个经典的计算模型，包括黑
白两色细胞，它们的颜色可以根据自己与邻居的关系而定。在这个计
算模型中，研究人员已经研究了模式是如何从简单的规则集合中产生
的。斯蒂芬·沃尔夫勒姆（Stephen Wolfram）在他的《一种新科学》
（*A New Kind of Science*）一书中介绍了四种模式：

- 第一种是成长或死亡，也就是说，新模式或是全部实现，
  或是完全消亡；
- 第二种是重复模式，也就是无休止地做相同的事情；
- 第三种是混沌模式，也就是没有可识别结构，看起来像纯
  粹的噪声；
- 第四种，也是最有趣的，就是在混沌和有序之间摇摆的
  模式。

我认为在使用可编程材料时应该努力追求第四种模式。我们希望
通过在材料中嵌入简单的规则来构建活跃的系统，使它们能够自我转
换、相互作用，并增强它们的功能、性能或美学呈现。我们希望它们

能够在简单的初始条件下产生真正独特和令人惊讶的结果。这些能力不应该只是用来完成重复性的任务或最终会导致消亡的行为，而且我们也不希望发生随机的小故障或看到失常的行为。我们希望它们能实现有趣又有用的行为，它们更像人类或自然系统那样发展，展现的是令人愉快和惊讶的、既混乱又重复的行为模式。

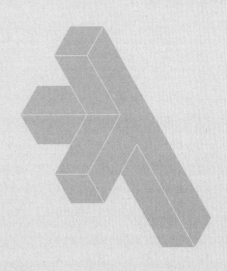

THINGS
FALL
TOGETHER

A Guide to
the New
Materials
Revolution

03

自组织，3 个核心
要素在无序中建立
秩序

ORDER FROM CHAOS

　　大多数人造的事物似乎最终都会走向消亡。漂亮的新产品最终会变旧，建筑物需要定期维修，食物会腐烂，衣服会破损，汽车也会报废。事物通常会从有序走向无序，这令人悲哀。然而，自然界中几乎所有的生命体一开始都看似无关紧要，最后却令人惊讶地成长为特别复杂、对生态系统很重要的一员，并且具有自我修复和繁殖能力。令人觉得奇怪的是，所有的生命似乎都是从无序中建立秩序。正如热力学第二定律所述，孤立系统的熵必须总是一直增加，或者有时也可以保持不变。然而，许多事情的发展似乎与熵的性质背道而驰，科学家有时甚至会把生命描述为对负熵的基本追求。不过，大多数系统看起来已经不再混乱，正从无序中建立秩序，它们都不是孤立的，毕竟，环境变化或外部能量的输入必然会引起波动，不然我们甚至可以自行设计系统的各组成部分以促进它们的自组织活动。然而，在全球范围内，这些生命系统周围的环境必须增加至少相同程度的熵，这样，全球的熵总量才能永远不会减少。在日常生活中，令人惊奇的是，我们可以从结晶过程、成群的昆虫，甚至由一个细胞长成的人这些系统中看到一个共同的模式——受伤后会再生和自愈。随之而来的问题是为什么会有这种模式，以及我们该如何利用这种模式。

活性物质可以让我们利用这些难以置信的行为，而这些行为通常被认为只可能出现在生物或化学领域中。**我们可以想象，在不久的将来，日常的物理材料可以随着时间的推移实现自我组装、生长、适应、改造和改进。**例如，自我修复的特性不再只适用于生物，而是开始扩展到我们的建筑环境中。研究人员现在可以制造自修复材料，如自修复混凝土、聚合物和复合材料等。正如我们将在本章中探索的一样，在传统的静态材料系统中出现了许多与动态材料性能相关的例子。

本章中，对于熵这一复杂现象有更精确的描述，比如对其增大和减小过程的解释。有关熵的最著名的实验被称作"麦克斯韦妖"（Maxwell's demon），这个实验涉及一冷一热两个不同温度的气体容器，当两个容器相互连通时，整个系统的温度将趋于热平衡。1867年，詹姆斯·克拉克·麦克斯韦（James Clerk Maxwell）提出了这个可以说明违反热力学第二定律可能性的思想实验。他设想，两容器之间存在一个可以快速开启和关闭的小门，这个小门只允许快速运动的分子，也就是"热分子"进入另一个容器。经过一段时间的反复操作后，两容器会被分成一个热的和一个冷的。通过建立规则、有效地扭转熵，这一过程看起来似乎违反了热力学第二定律。

在这个思想实验中，两个容器混合冷热分子之后，在某一刻，所有的热分子会暂时地待在一个容器，而所有的冷分子会待在另一个容器，这在理论上是可能的。但这在实际中是难以置信且不可能的事情，因为最有可能的情况是，在任何给定的时间点，这两种分子都将混合分布。因此，为了使上述这个"麦克斯韦妖"发生，我们需要诱导分子，使它们在看似不可能的分离状态下稳定。类似的似乎违反了热力学第二定律的例子是，我们对空间建立坐标系来精确划分不同温度的区域：众所周知，热空气会上升，所以热空气分子会上升到空间的顶部，而冷空气分子会倾向于停留在底部。如果我们能够以正确的方式设计这个容器，例如，将其设计得非常高，或者如果我们能够从不同的方向旋转它，再或者如果我们可以在其外增加一个热源，即强调这不是一个孤立的系统，那么我们是不是就可以将热分子和冷分子分别赶到上面和下面，从而实现精确分离？

另一种描述熵的方式是建立一个寻求平衡的系统：任何物体或系统都会趋向能量最低的位置或状态。例如，一个球会从山上滚下来，从一个势能大的较高位置移动到势能小的较低位置，然后自然地停留在这个位置。然而，正如鲁布·戈德堡机械（Rube Goldberg machine）中所展示的，你可以这样设计"山"或一台机器：让球完成一些奇特的动作，如在空中飞，或完美地停留在物体顶端，再落入精确的位置，或看似独立地引发整个连锁反应。再如，想象一下你突然掉了一沓纸，它们很可能会散落在地板上。但如果你能把每一张纸折叠成一架设计独特的纸飞机，也许当它们散落的时候，可以划出各不相同、令人惊讶的轨迹。我喜欢在设计系统的时候做这些思考，这样，最低能量状态就显得非常有用且有趣，且平衡状态并不一定意味着破坏性、退化以及无序。**这也提醒我们，我们应该更关注如何使用熵的概念来设计非孤立系统，使其自身的状态随着时间的推移变得更好。这一过程中的主要挑战是如何创造能量最低的状态，使之成为功能最强、最有序，甚至最令人惊讶的状态。**

自组装的现象可以描述为独立的部件自发地进行组装并形成有序结构，而不需要人或机器的干预。这是生物学和化学的基本原理，它解释了 DNA 如何控制生物的性状、水如何形成冰晶、太阳系中行星如何形成等一切现象。我们可以把自组装系统看作朝着最终构型或平衡点移动的独立部件的总和。这与自组织系统略有不同。在自组织系统中，组件不一定会实现平衡，但可以在多种状态之间移动、振荡，并且可能永远不会稳定在某一最终状态。鱼群、鸟群、沙丘、交通堵塞等所有可以不断发展、组织、改变和消失的事物，都是自组织系统。

在生物学中，自组装是生物诞生的主要途径。考虑到使用的环境非常狭小且复杂，利用生物材料进行建造的技术并不多。DNA 通过互补的碱基对自组装，蛋白质可以折叠自己，高层次的分子结构可以聚集在一起，形成功能性外壳，比如病毒或其他生物分子结构等。在这些结构中，顺序和功能可以自行构建。最近，利用这一现象，科学家们已经能够设计出可以自我折叠和自我组装成几乎任何二维或三维形状的 DNA 结构。哈佛大学怀斯研究所（Wyss Institute）的尹鹏（Peng Yin，音译）团队率先采用了一种名为"DNA 折纸术"的方法，就像玩乐高积木一样，将 DNA 作为积木用于纳米尺度的构建，如图3-1 所示。有了这项技术，世界各地的许多其他研究人员现在可以利用特定的碱基对序列对 DNA 进行编程，以促进自组装，形成二维或三维形状的精确纳米结构。他们已经展示了数百种二维图形，如字母表中的字母、表情符号和象征符号。他们还在三维空间中创建了数百个演示对象，使用一组 DNA 积木块来创建像"DNA 宇宙飞船"、药物输送胶囊和其他几何形状的结构。在不久的将来，DNA 折纸术可很好地转化为自下而上的组装和制造方法，并用于纳米技术的各种应用。

图 3-1　DNA 折纸术

资料来源：Wyss Institute。

设计能量，让结构更好地实现平衡

　　为了创建自组装系统，我们首先需要了解为什么自组装会起作用，以及如何实现平衡。其次，我们需要找到利用这种平衡从混乱中建立秩序的方法。在自组装实验室，我们通过三个核心要素定义了自组装，即能量、几何形状和相互作用力。

在任何自组装系统中，我们寻找的第一个核心要素是能量。传递给系统的能量需要刚好可以实现自组装，同时还需要设计能量激活的时间和频率，以帮助结构更容易地实现平衡。同样重要的是要考虑能量从何而来，考虑是否可以找到更丰富的能源，无论是系统中的振动，还是温度、压力或波能的变化，这些往往都是我们在设计一个自组装系统时可以使用的能量来源，它们很常见，却易被忽视。

几年前，分子生物学家阿瑟·奥尔森（Arthur Olson）与自组装实验室合作，开启了一个旨在宏观可感地展示自组装过程的项目。我们以一种脊髓灰质炎病毒、一种烟草植物病毒和其他自然自组装的生物分子结构为基础，生产了许多玻璃容器，里面装有简单的塑料部件。当你摇动容器时，里面的塑料部件会自发地聚集在一起，从而在混乱中建立秩序。如果你不那么用力地摇动容器，塑料部件就没有足够的能量聚集在一起；相反，如果你摇晃得太厉害的话，这些塑料部件就会彼此分离。如果你试图通过摇晃容器让塑料部件回到原位，就像做拼图游戏一样，那么结果往往比你随机摇晃它更糟糕，如图 3-2 所示。这一过程的诀窍就在于是否能够给容器合适的能量，使各个塑料部件恰好可以找到彼此，并连接起来。这个简单的实验证明，在适当的外部条件下，物体可以很容易地从有序状态到无序状态，再回到有序状态。

自组装所需的最佳能量与布朗运动类似。在布朗运动中，分子能够四处移动，相互碰撞，很容易连接起来。其中所需的能量因系统而异，主要取决于设定的环境、材料性质和连接特性。例如，在水下移动物体所需的能量大小和类型与物体在容器中翻滚，或在风中飞行所需的非常不同。在水下，要想使物体移动，那么水不能静止不动，必须是动荡不止的，这样的话你可能需要制造波浪，或使用气泵或螺旋桨等来产生水中的湍流，而要使物体在容器中翻滚，你可能需要一个发动机来使这个容器转动起来。如果物体受到浮力，且可以悬浮在水中，那么只需较小的力就可使其在水中自由移动，而如果它是由金属制成的并可以沉到底部，那么需要更大的力才能实现其在水中的自由移动。在翻滚的情况中，如果物体是由橡胶或黏土构成的，那么使其翻滚所需的能量将会非常不同。橡胶材料可实现非常微妙的平衡，因为如果力太大，它们会反弹；而黏土材料很容易就会彼此粘在一起。最后，连接的强度和性质也可改变所需能量的大小，以实现成功的连接，排除不正确的连接。如果彼此连接的强度非常大，那么将需要更少的能量来促进整个结构的形成。但若连接不正确，你将需要更大的能量来使其断开，甚至需要更大的能量来拆卸整个结构。

图 3-2　一个基于脊髓灰质炎病毒或烟草植物病毒等生物分子结构的自组装实物演示

　　注：当用适量的能量摇晃容器时，里面的部件会自发地聚集在一起，从混乱中建立秩序。

　　资料来源：Skylar Tibbits，Arthur Olson and Autodesk。

对于自组装系统，输入的能量大小需达到一种非常微妙的平衡状态：如果能量稍微过大，那么各个独立部件间就会产生强烈的碰撞，要么相互反弹，要么连接易断开；如果能量太小，那么这些独立部件就无法找到彼此，也无法移动和连接。同样地，我们也需要有足够的能量来打破不正确的连接，但又不能破坏正确的连接。这就是任何自组装系统中所需能量的"金发姑娘原则"（the Goldilocks principle）[①]，即只要环境合适，结构就会趋向平衡。

塑造几何形状，使其能够聚合成所需的全局结构

自组装的第二个核心要素是系统中物理成分的几何形状，这些物理成分包括独立的部件、材料及连接。对生命系统来说，其组成成分可能包括 DNA、蛋白质、脂肪和其他物质，所有这些物质都具有物理特性，如大小、形状、密度和连接强度，这些特性都会影响它们之间的相互作用力。物理成分的几何形状显然很重要，因为它必须可以与周围的其他分子有效地相互作用，并且很容易连接在一起来构建精确的结构。例如，某些几何形状可以构成二维结构，而其他的则会构成三维结构；一些几何形状会实现材料的线性增长或聚集，如形成晶格结构，而其他几何形状会形成闭环结构。如图 3-3 所示，一组直径为 36 英寸[②]、充满氦气的气象气球，置于玻璃纤维框架内，用尼龙搭

---

① 出自童话《金发姑娘和三只熊》，迷路的金发姑娘进入了熊的房子，在经过多番的尝试后，选择了最适合自己的那碗粥、那把椅子和那张床，因为这些对她来说都刚刚好，这种选择的原则就是金发姑娘原则。——编者注

② 1 英寸 ≈ 0.0254 米。——编者注

扣固定，气球可以漂浮在庭院中，并自组装成一个大尺度立方体。氦气逐渐消失后，气球会浮回地面，而自组装的轻质结构则会保留下来，如图 3-4 所示。想想由疏水分子和亲水分子相互作用形成的脂质和双分子层。在不同的环境中，几何形状不同、排列方向不同的脂质分子会形成不同的结构。因此，要想得到特定的结构，关键是首先要获得一个局部的可发生聚合反应的基础几何形状。

图 3-3 气球立方体的自组装过程

资料来源：Self-Assembly Lab，MIT，Autodesk。

当我们输入能量时，部件的大小和密度会影响彼此的混合或分离。如果它们的材料都是相似的，那么这些部件就会以一种统一的方式连接在一起，但如果它们彼此之间有很大的差异，它们就会分散到不同的区域。我们可以用"巴西果效应"（granular convection）①来解

————

① 如果把几种颗粒同时放于容器中，经摇晃，体积较大的颗粒会上升，体积较小的颗粒会下沉。——编者注

释这一现象。硬币分类机就是应用这一效应的例子——根据硬币的大小和密度不同将硬币区分开。我们也可以利用这一原则来使分子相互接近，并增加它们自组装的机会。例如，在一个水箱中放入不同密度的材料，一些浮力大且密度接近的材料可能会在水面相互靠近，形成二维平面图形，而另一些浮力小的材料则会在水底进行自组装。为了获得材料之间特定的相互作用，我们需要密切关注材料的特性，如弹性、黏性或摩擦系数等。

图 3-4　随着氦气消失，慢慢回到地面的气球
资料来源：Self-Assembly Lab，MIT，Autodesk。

最后，在确保一个系统拥有合适的能量，并且材料的几何形状满足要求之后，你必须考虑材料之间的连接性和相互作用力。任何自组装系统的目标都是促进一些有用的材料进行精确的组装，比如将许多零部件组装成需要的产品，而不仅仅是使用一堆随机的零部件。材料之间的"黏性"很重要，可以通过使用黏合剂、魔术贴、磁铁，利用表面张力、范德华力 [1] 或其他各种方法来创建这一物理连接。然而，如果每个部件都极具"黏性"，系统就不会形成有序的结构。这些材料需要在适当的位置具有适当的黏性。这种连接的强度也很重要。一方面，如果强度太大，材料就会粘在一起，但无法分开。这听起来似乎很好，但如果这些材料以错误的方式连接在一起时会发生什么呢？另一方面，如果连接的强度太弱，即使连接方式正确，部件之间也总是会分离。

智能作用力，将正确的部分持续连接在一起

因此，连接强度适度，正确的部分可以连接在一起并保持连接，这种"黏性"还会继续增强，而不正确的和较弱的连接就会断开。也就是说，这些部分自己纠正了错误的连接尝试。例如，如果有许多"阳性"和"阴性"材料同时放置在一个容器里，相同属性的材料彼此相遇，如阳性对阳性或阴性对阴性，它们几乎不会连接，或即使有连接，彼此之间的连接力也很弱。而不同属性的材料彼此相遇，如阴性对阳性，它们的连接将非常强，即使连接部分运动，它们也不会断开。运用这项简单的技术，可以将误差校正设计成只基于连接强度的系统。

---

[1] 范德华力，又称范德瓦耳斯力，指分子间非定向的、无饱和性的弱相互作用力。——编者注

Things Fall Together
—————————— **新材料的未来** ——————————

类似锁和钥匙连接模式的新设计

模式连接是自我纠错的另一个应用领域。最典型的例子是锁和钥匙的连接模式。锁和钥匙的接头处是重点，这是因为它规定只有这把钥匙才可以打开这把锁，而其他所有钥匙都不能，因为它们的几何形状不匹配。这一功能在设计具有众多独特连接的结构时特别有用。你可以围绕互补对创造出无数个几何图形。就像汽车钥匙或家里的钥匙有不同的外形一样，你可以创建许多独特的几何图形，但只允许互补连接。锁和钥匙的连接模式提供了多种可能组合，其组合方式仅受我们几何想象力的限制，并允许误差校正。我们在"流体自组装椅子"项目中就应用了这一特性。项目中设计了类似锁和钥匙模式的独特零部件，即这些零部件的外形是特别设计的，其中一些节点编码了正确的组装顺序。如图 3-5 所示，当这些零部件在装满水的水箱中翻转时，不断翻腾的水可以促进三维椅子的自组装，整个过程历时 7 个多小时。同样地，我们也展示了利用几个简单的组件，如前外壳、后外壳以及电路板 / 电池核心等零部件就可以成功进行自组装的手机。这些零部件设计有精确的公 / 母连接头和一系列极性模式，可以实现功能手机在其各部件混杂在其他无关零部件情况下的完全自组装。

图 3-5　流体自组装椅子

　　注：这个过程是通过使用定制的几何图形和节点来设计的，这些节点编码了正确的组装顺序。

　　资料来源：Self-Assembly Lab，MIT。

　　另一类可以进行误差自修正的例子是以极性的形式出现的——磁性、静态电荷中的极性、疏水或亲水性，或各种其他类型的极性。磁性是最常见的：正极吸引负极，反之亦然，而同极相互排斥。这一原则可以促进零部件实现精确组合，也就是只连接互补的极性邻居。例如，一串"正—负—正—负"模式的磁体会吸引一串对应模式为"负—正—负—正"的互补磁体，与 DNA 的互补链类似，不同的是 DNA 有 4 种碱基。类似的模式技术也可用于解释表面张力，例如，疏水分子会排斥亲水分子，但吸引同属性材料。"谷物圈效应"（Cheerios Effect）的例子可以解释这个概念：当你将环形的谷物圈倒入盛有牛奶的碗里，你会发现谷物圈自发地聚集成六边形的图案。这是因为谷物圈的圆形形状使牛奶的表面张力发生变化。基于此，我们就可以更进一步，开始设计一些可以自组装到一起的东西。在这一过程中，我们可能不是简单地只使用两种极性，如积极的和消极的，在某些情况下，我们甚至可以引入第三种极性，如中性的，例如可以将一块钢材连接到无论哪一种磁极。尽管我们都希望可以存在无数的极点，但是它们通常并不存在，除非我们来定义！如图 3-6 所示，在一个装有 500 加仑①水的水箱中释放自相似模块，自相似模块可以根据元素的相互作用和水箱中水的运动自组装成晶格结构。此后，若将该晶格结构拆卸开并将各模块扔回水箱中，它们会再次自组装。

　　通过设计互补匹配模式，我们实际上可以创造无数个极点。以只有两个磁极的小磁铁为例，我们可以将它们放在一个具有正、负方向的平面图形中。然后，我们可以在另一个平面图形中设计一个正、负配对的模式，与前一个平面模式完美匹配。如果我们改变磁体的磁极

---

① 1 加仑 ≈3.79 升。——编者注

或位置，就可以促进或阻止磁铁的无限连接。按照这种模式，我们可以简单地通过在零部件中设计固定的互补图案来创建无数个极点。随着制造技术的发展，我们甚至可以打印定制的具有无限排列方式的磁极和互补图案磁片。ACTG 碱基所组成的复杂模式有助于促进 DNA 链的成功配对，同时也可以清除遗传密码中的错误。我们可以对零部件上的一系列极性模式采取同样的设计方式。

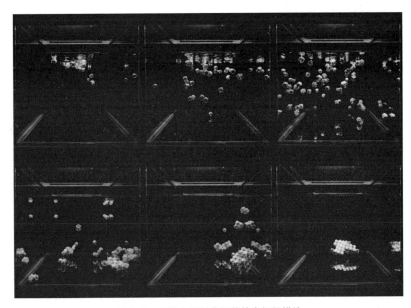

图 3-6　水箱中可以自组装的自相似模块

资料来源：Self-Assembly Lab，MIT。

我们可以看到，通过在混乱中建立秩序来促进结构的自组装是可行的。围绕能量、几何形状和相互作用力等方面进行针对性设计，可以确保这些自组装产品达到更好的状态，实现更好的功能。总体来说，我们已经习惯了所有人造的东西最终都会消失的想法。但也许我们可以改变这一观点。从理论上讲，我们也应该能够设计出一种产品，它可以通过自我纠错来抵抗破坏、自然退化和过时淘汰。但是，与其对抗退化，为什么不设计和制造一些这样的产品——当不再需要它们时，它们可以重新配置、转换或转变为其他产品？这样每一个最基本的零部件、原料和连接都可以用来自组装成其他东西，从而每一次自组装都可以从它的"前身"中汲取一点知识，不断地寻求改进。

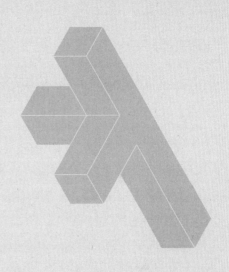

THINGS
FALL
TOGETHER

A Guide to the New Materials Revolution

04

精简即智能：利用越少的材料做的事越多，系统就越智能

LESS IS SMART

就像我们周围的基础设施和众多人造物一样，大多数产品的设计都具有如下共同点：稳定的、静态的，力争能够抵抗住周围环境中包括重力、振动、温度、湿度等在内的所有因素的影响。因此，这些产品都看起来非常坚固耐用，而不是被设计成精简的、适应性强的、灵活的或可重构的样式。这些产品往往没有充分利用自身的材料特性，也没有被编程内置那些可能具有任何类似生命特性的活性物质。

我们通过创造所谓的智能产品来弥补传统产品在适应性或仿真性方面的不足，如智能恒温器、智能服饰、智能鞋子、智能汽车，甚至智能摇篮——它能感知婴儿的睡眠模式，并相应地调整声音或动作。然而，这些"智能"产品往往更贵、更重，制造起来也更为复杂。事实上，它们也更容易损坏，更难使用，需要消耗的能量更多，也因此更容易被其他机械或电子设备替代。那么，我们如何在不增加额外的零部件、成本以及复杂性的情况下制造出更智能的产品呢？我们如何才能生产出更好的产品来满足人们不断变化的需求，而不是求助于那些标准化的解决方案，比如那些通用版本或超级复杂的所谓"智能化"的方法——带有许多华而不实的功能？

我们的目标应该是制造"活性"产品，我指的是真正具有活性的产品、物体或材料，它们可以移动、重新配置、变换、自组装或适应周围环境。为了实现活性产品的生产，我们需要反思和讨论目前这种静态设计世界的方式。工程学中一直存在一个基本原则，即任何产品或系统的设计都应该能够抵抗所有可能导致其破坏的力量。换句话说，设计时要考虑传统意义上的稳健性。对这一基本原则的坚守往往导致系统被有意过度设计。如建筑物、桥梁、汽车或飞机中设置的各种安全措施，都是为了确保整个结构承受的重量大于人们的预期。当然，这对保障安全非常重要。但从材料的角度来看，这是浪费。或许，现在是我们重新思考或扩展"稳健"定义的时候了，同时，我们还应该重新定义这个过程中的"智能"。

一个稳健的结构也可以是主动的、精简的、可适应的和可纠错的。许多研究人员已经建立了可变形、可自适应的桥梁和平板结构，这些结构可以随着施加在其上的荷载而变化。虽然这些结构目前都是电动机械，但其重量都非常轻，材料利用也很高效，可以跨越较大的悬臂距离。有了它们，我们离实现梦想又近了一步：**使用更少的材料实现更高性能的结构，同时适应复杂的动态变化情况，且没有额外增加零部件、材料或提高刚性**。换句话说，精简就是智能，即我们利用越少的材料做的事越多，系统就会变得越智能。

自我修复、调整或自调整，不断改进设计

我们在第二章提到的误差修正原理，对于制造活性产品和结构至关重要。它可以确保工厂组装产品的精确性，也可以激励我们尝试设计那些随着时间的推移能自行改进的结构。就像美酒、旧棒球手套、铸铁平底锅或牛仔裤一样，有些产品确实会随着时间的推移而变得更好。类似地，就像 DNA 一样，物理材料可以通过不断检查环境或内部结构的变化来主动纠正错误，在需要的时候进行自我修复、自我调整或自我改进。我们可以积极参与、强化并充分利用这一原则。现在的问题在于，我们要弄清楚如何在制造日常产品的过程中实现这一点。

我们可以从寻找永恒的设计和材料功能开始。设计有时会增强这种永恒性，想想那些经典家具、老式相机或经典汽车。这些产品的设计方式经历了时间的考验，时至今日，它们仍一如既往的前卫而优雅。材料及其功能性也可以持续，甚至可以变得更好。混凝土恰恰是这样一种反常识的材料——由于水化过程和材料元素的相互作用，它可以随着时间流逝变得更坚固。我们可以想象设计各种各样的系统，包括制造系统、产品或环境等，我们可为这些系统提供能量、设置适当的条件，确保随着时间的推移它们能自我纠错、自我改进。

我们可以有很多方法来改进设计，使设计对象更加稳健且不再静止不动。自然系统，如我们的身体、植物、动物、化学系统和许多其他系统，都表现出稳健性和弹性的特征，它们精干、柔软且灵活，能够适应环境的变化。面对变化甚至故障，与我们通常设计的系统所采取的策略相比，这些系统使用的策略非常不同。例如，骨骼的生长密度和硬度是可变的，这取决于它们位于身体的哪个位置和个人的体

重。因此，我们可以看到，宇航员的骨骼可以适应太空环境并相应地减轻，回到地球后又可以恢复到之前的正常水平。许多自然系统，包括我们的身体，在需要时可以重新生长、适应、自我纠错。换句话说，纠错本身就是系统稳健性的一种表现形式。

为了理解错误纠正是如何在日常物体中起作用的，我们可以看一个构建圆环的简单例子。第一种方法就是从精确的角度切入，使用精确数量的零件来制造事物。如果一开始你就从刚性和强连接入手，那么你得提前设计出公差。因为随着天气变化，湿度或温度会增加或降低，部件可能会变得比原来设计的尺寸稍大或稍小，而且用于制造它们的机器和材料本身都有一定的公差。如果圆环只由几个零部件组成，那么即使经过这些环境变化，它也可能会继续工作；但是，如果组成圆环的零部件的数量较多，那么这些环境变化导致的各组件公差会累积，这样就不可能得到一个完美的圆环了。如果最后一个零件很可能不能完美地嵌入而使圆环闭合，那么它要么太大，要么太小。即使这些零部件能够彼此贴合或勉强连接起来，环境的波动也可能造成零部件出现不同程度的膨胀或收缩，从而导致圆环弯曲或某一部分凸起。因此，要得到一个完美的圆环，每一个零部件都要占据自己的位置，并且需要以百分之百的精度来创建这些零件。

制造圆环的第二种方法会展示如何灵活地进行错误纠正。如果你设计制造的每个零部件，都能在彼此连接的部分旋转或扭曲，你就可以在系统中增加纠错功能。有了这种灵活性，当圆环的各个部分连接在一起时，它们会相互适应。当将最后一个零部件接入圆环时，所有其他的部分都可以调整角度来实现完美的连接。换句话说，在连接处添加简单的灵活性，就可以让这些零部件构造的圆环找到自己的平衡。当环境变化时，这些零部件会自动调整和适应，并始终保持圆环整体的完美性。灵活性作为一种纠正错误的形式，为我们提供了更稳健的结构，而不需要增加材料或进行更复杂的设计。

类似地，当我们用螺栓组装东西时，经常会被告诫不要把第一个螺栓拧得过紧，而应该先只将所有螺栓拧上，再回去一一拧紧。这确保了所有螺栓都能均匀拧紧，并相互对齐。再如，在给汽车上轮胎时，建议按照对角线的方式拧紧，以确保轮胎完全贴合。而如果你过度拧紧一侧，使其收缩的程度多于另一侧时，那么另一侧将脱离正确的位置，从而导致汽车无法正常行驶。这些简单的操作方法使结构具有一定的灵活性和自我调整能力，而无需测量或用精密的机器来调整。

冗余，助力构建一个健全的系统

我曾说过，我们应该在设计中追求使用更少的材料，降低其复杂性，但如果我们从不同的角度来看，保证材料的冗余也是有道理的。如果你拥有比所需更多的材料，那么有时你可以快速创建一个非常简单的系统。假设现在要搭一个人工鸟巢，我们可以不考虑材料的使用情况，那最后我们搭建的成品可能非常稳固，但往往不够精简。而鸟儿们筑建的巢拥有错综复杂的几何结构且非常坚固，具有透气性和灵活性，这是很多人造的刚性结构所无法实现的。因此，我们有时可以忽略材料利用率上的不足。如果我们可以提高速度、改变材料放置的位置并降低成本，即使利用不精确的简单零部件，也能创建一个强大且适应性强的结构。

例如，自组装实验室与苏黎世联邦理工学院（ETH Zurich）的格拉马齐奥－科勒研究中心（Gramazio Kohler Research）合作开发的一个项目，就使用了材料冗余和适应性的原则。在这个项目中，我们创造了一个"颗粒堵塞"系统，使用岩石和绳子来创建承重柱或承重墙，如图 4-1 所示。颗粒堵塞是一个材料现象，它允许无序粒子从类液态转变为类固态，然后再转变回来。想象一下真空密封包装的咖啡豆。最开始真空密封的整个包裹通常非常硬，摸起来像块石头。但当你撕开袋子，将它倾斜时，咖啡豆又很容易就流出来。我们可以利用这一原理。但是我们也开发了一种不需要真空或膜的颗粒堵塞系统。考虑到膜很容易被刺穿，而真空是能量密集型的，我们希望找到一种新的颗粒堵塞技术，以将其应用到建筑领域。为了创造堵塞结构，我们将松散的岩石和长长的带很多结的绳子一层层地交替着铺在一个框内，从而实现了一种完美的力量平衡：在一层岩石被倒入框内后，使用一个机器人来解开团成一团的绳子并将绳子铺在岩石上，然后是另一层岩石，以及另一层绳子……以此类推。当我们移开框的时候，只有绳子附近的石头被"卡住"了，而其他的石头都脱落了。这是因为当框被移开时，被卡住的岩石无处可去——它承受了压缩力，而绳子承受了拉力，这使得整个结构堵塞成为一体。这一技术无需使用任何结构构件、连接器、黏合剂等，就可以创建承重结构，如图 4-2 所示。

利用我们这项研究，即利用颗粒堵塞技术可以不断实现目标，让材料发挥作用，尽可能容易且快速地构建我们想要的结构。在最新的实验中，我们使用了一种简单的解开绳团的技术，使绳子自行在岩石层上铺成完美的圆圈。该方法使用了现成的线轴，并且用简单的物理机制取代机器人，让绳子自行形成精确的图案。多次倒入岩石、铺上绳子之后，我们就制作出了柱子和墙壁。

图 4-1 利用"颗粒堵塞"原理创建的完全可逆的承重高塔（4 米）

资料来源：Gramazio Kohler Research，ETH Zurich，and Self-Assembly Lad，MIT。

4-2　一面用松散的岩石和椰子壳建造的字母"w"形墙
资料来源：Self-Assembly Lab，MIT，Google。

　　利用颗粒堵塞原理，一个结构的承载力实际上可以变得更强，因为岩石和绳结越来越紧密，像原本就是一体的。我们意识到，如果我们将一个顶板和一个底板分别放在一根螺纹杆的两端，然后就可以按前面的实验将岩石和绳结形成的坚固结构塞进两板之间，并与杆并列，这样一来，我们就可以随意移动它。按这个思想，我们做了一根柱子，然后把它旋转制成梁或桥，更进一步，拓展成墙壁等，再把它转90°成厚石板，这样我们就可以在梁或厚石板结构上行走了，如图4-3所示，它们坚固得就像按传统建筑方法建造的。不过一旦我们移除了顶板和底板，整个结构就会立即松散开。这意味着我们可以在任何时候建造或拆除这个结构：需要时我们可以非常快地建造它们，让它们承重；一旦它们完成使命，我们可以毫不费力就拆除它们，立马得到一堆岩石和绳子。

 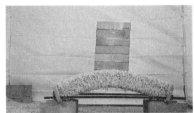

图 4-3 利用颗粒堵塞原理用松散的岩石和细绳搭成的梁

注：如图所示，先搭建水平梁；然后，将梁压缩成拱形，并反复加载，直到坍塌。这说明了颗粒堵塞的形态性、承载能力和可逆性。

资料来源：Self-Assembly Lab，MIT，Mechanics of Slender Structures Lab，Boston University。

再进一步，我们意识到，如果可以持续地压缩水平梁，它就会开始变形，就像半固体材料一样，变成一个拱形桥，我们可以在这个桥上行走，就像在不同的点上给它加载荷。这次探索让我们得知，像岩石和绳索这样简单的材料可以展现出令人着迷和奇怪的特性，它们可以表现得像固体、半固体、液体，甚至是具有可逆性质的可切换设备。利用它们这一性质，我们用最少的时间建造出了非常坚固的结构，也可以做出用来雕刻成各种形状的软结构。

每一种颗粒堵塞技术能发挥作用只是因为材料系统的冗余性。由于在实验中有成千上万块岩石，不可能手动摆放每一块岩石，因此我们无法确定岩石之间的连接或绳结的位置是否完美。然而，我们可以使用适量的岩石和绳结来确保结构的稳定性。也就是说，即使我们几乎无法控制精度或细节，这种类型的冗余也可以构建一个稳健的系统。因此，除了以更多的控制和试图对抗失败的能力来体现，如结构梁或组件等典型案例所展示的那样，稳健性还可以通过便捷的建造、使用更多的材料但不再控制它们的精确位置等方式来实现。通过这种方式，系统与压缩力和张力协调工作，可以变得更强。在这一过程中，我们使用的材料会比必需的更多，但建造过程却比手工搭建或浇筑混凝土要快得多。也就是说，有时我们可以通过放开控制来提高建造速度或系统性能。

改变消费者和品牌心态，创造活性产品

随着材料性能的快速提高和制造工艺的迅猛发展，研究团队开发出越来越多不再是静态和被动的新产品。在自组装实验室，我们已经试验出一些活性产品，例如，一个可以从平板包装盒子中进行自组装，并跳到桌子上的平面木板；一只无需在工厂进行模压或手工装配即可自成形的鞋；一件可以"塑形"的针织服装，它可以改变孔隙度和厚度，让你在任何环境下都感到没穿衣服般的舒适。

这些案例都是基于我们开发的一项新技术，这项技术可以将平面转换成三维形状。要做到这一点，首先要把一块可拉伸的织物，比如莱卡，抻开并包裹在一个盘子上，稍后释放。其中，抻开这一预拉伸过程会将外力蕴含的能量嵌入并储存在莱卡中，而莱卡被拉伸的方式会影响其最终的形状。例如，如果莱卡以均匀的方式拉伸，那么当它

松开时，就会均匀地收缩；如果莱卡在某方向上被拉伸得更紧，那么当它被释放时，它在那个方向上将承受更大的收缩力。其次，在拉伸莱卡之后，我们在其上放置一层刚性或柔性材料层，比如尼龙。这一材料层的重量和形状至关重要，将影响拉伸后莱卡形状的精确变换。

放置在莱卡上的材料层的材料类型、厚度，以及其二维或三维形状等因素都会影响莱卡下一步的表现。如果这层材料是刚性的或者较厚，那么它对莱卡的作用可能阻碍莱卡自身的收缩，这将大大限制莱卡的变形。为了充分利用莱卡的拉伸力，可巧妙地放置莱卡上的那层材料或将这层材料弄得薄一些，以增加整体的灵活性并实现三维转换。

材料层的二维和三维形状也影响着其下莱卡形状变换的模式。例如，若你在莱卡上放的料是圆形，并以均匀的方式拉伸莱卡，那么当你把它从盘子上松开时，它会变成一个鞍状图形。这一图形称为双曲面（hyperbolic surface）。因此，材料层的形状可以作为一个图形代码，利用它，我们可将其下莱卡形状变换成所需的形状。这就是纺织品的自成形过程。

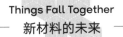

Things Fall Together
新材料的未来

活性鞋

我们最近将此技术应用于开发活性鞋。传统制鞋是通过手工来组装鞋面、鞋垫、外底和其他不同部件，这是静态物体行

业的典型制造例子。单拎鞋面来说，其在传统方法中，通常也
有相当多的组成部分，如 1/4 的外鞋面、鞋里，还有鞋带和其
他零部件。这些组成部分中的每一个都需要通过大量的手工劳
动来组装，并需要使用通过模切或激光切割获得的皮革或其他
材料来制作。这是整个过程中最复杂和劳动密集度最高的环节
之一。如果这双鞋是用皮革做的，那么鞋子的各个部分都需要
取自同一块皮革。记住：左脚和右脚的鞋子要紧挨着取材！这
是因为天然皮革在不同的部位有不同的弹性。这也意味着鞋子
的不同部件需要熟练的师傅来精确取材，以满足鞋子所有的弹
性要求。图 4-4 和图 4-5 展示的是，图案编码等几何信息可
使织物在印刷后释放时变成鞋的形状。

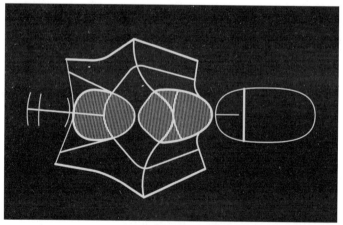

图 4-4　一种用柔性聚合物印在可拉伸织物上的二维图案
资料来源：Christophe Guberan and Carlo Clopath，and Self-
Assembly Lab，MIT。

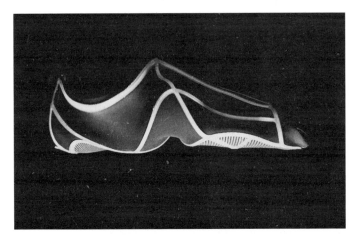

图 4-5　在可拉伸织物上打印二维图案后的 3D 鞋子最终成品

资料来源：Christophe Guberan and Carlo Clopath，and Self-Assembly Lab，MIT。

在仔细切割鞋的各个组成部分之后，需要人工手动缝纫、黏合和组装。根据所使用的材料和鞋子的复杂程度，这个过程可能需要耗费大量的人力、物力以及时间。时至今日，即使是那些规模很大、技术很先进的公司，其制鞋的过程仍主要是靠手工进行。同样地，设计过程在传统上是与生产制造过程分割开来的。即使是最新的 3D 鞋面工业编织技术，比如耐克鞋中的飞织（flyknit）技术，最终设计的产品也是量产的，而不是每一双都有所不同，都为特定用户定制的。直到最近，设计和制造才开始相互联系，使用活性材料来模糊概念和创作之间的界限。

让制鞋的过程从手工转变为自成形，正是自组装实验室与产品设计师克里斯托夫·居伯朗（Christophe Guberan）和卡洛·克罗派斯（Carlo Clopath）合作的目标。我们想看看如何利用材料转换来简化制鞋过程。如前所述，为了设计一种能够主动自成形的鞋子，我们必须识别出"图形代码"，从而将图形打印在拉伸的织物上，使其能够变形成为鞋子。首先，我们以一种均匀的方式将弹性织物围绕刚性板拉伸。然后，将一种聚合物以特定的图案印在拉伸的织物上。织物以均匀的方式拉伸，材料性能保持不变，而我们调整的设计变量是印刷图案。最后，利用 3D 打印技术得到成品。打印过程允许在测试的同时进行图形的自定义，并可以完全控制其形状。

我们尝试了不同印刷图案来获得今天市面上几乎所有类型鞋子的弧度，利用整块织物从脚趾到脚跟包裹整只脚。我们进行了许多次迭代和测试，以实现精确的织物形状变换。最终，我们确定了一个图案，将其印在拉伸的织物上，然后从刚性板上取下。这种织物就可以立即"跳跃"成三维形状，与鞋子的弧度吻合。作为这一过程的延伸，我们还制作了鞋底，从底部的两侧实现进一步的弧度吻合和对脚的包裹。我们开发这只鞋并不是为了生产和销售，而是为了看看它是否可行，并且可以挑战当今的产品制造过程。我们从概念上推动研发了一种利用高活性材料来替代传统制造的方法。这只鞋很像一辆概念车，它向我们展示了什么是可能的，我们也希望在不久的将来改变消费者和品牌的心态，创造出更具活性的产品。

最近，我们想看看织物的适应性，以满足人们对正在使用的产品不断提出的功能或舒适度的需求。我们不仅想改变织物的形状，还想直接通过增加细线、纤维、纱线，甚至服装等的新功能来改变织物的气孔。为了实现这一目标，我们通过一个名为"美国先进功能织物"

（AFFOA）的组织，与品牌 Ministry of Supply 和其他研究人员合作开展了一个项目。最初的研发专注于单向转换，即织物只能进行一次转换，而不会再次进行转换。这种单一方向的转变是为了方便定制剪裁和创造适合个人身体的定制产品。通常情况下，定制服装需要给机器设置单独的定制剪裁代码，而这种定制生产价格高昂、耗时较长且需要复杂的物流过程；或者通过传统的手工裁剪和缝纫来实现，价格也较为高昂。因此，在批量生产的服装中，我们通常看到的都是标准尺码，如小号、中号、大号和特大号，但它们并不适合每个人。此外，即使是同一产品的相同尺码，它们也可能完全不同，这取决于它们来自哪个工厂。我们的研究向其他人展示了，利用 3D 工业编织技术的高速、规模化和高效等特点，我们仍然可以批量生产服装，而且我们还可以"激活"服装，使之根据客户身形进行自我改造。

有许多公司试图使用 3D 工业编织技术，如平板针织或圆针织等方法，来批量定制生产织物。这一方法需要先对客户的身体进行 3D 扫描，然后根据扫描结果直接打印出一件独特的服装，最后快速把它送到客户的家门口。然而，这在现实中目前还无法做到，因为运行针织机的定制程序不是自动化的，而纺织生产中尺寸精度还无法达到每件衣服完美符合客户身形的高度。我们的方法是避免使用定制程序和定制制造，不依靠机器，而专注于将定制这一智能直接嵌入织物中。这样，我们就可以批量生产标准尺码的衣服，但当它们挂在商店里售卖后，可以通过加热或加湿被激活，然后它们就会进行自我转换，直接根据顾客的身体进行调整。通过这种方式，顾客可以得到一件独一无二且完美合身的服装，而且，这种制造方式不需要手工制作或裁剪缝制，从而省去了这一过程的复杂性，降低了成本。如图 4-6 所示，这种能感知水分和 pH 变化的针织套筒，在形状和颜色上均可以发生变化：湿气会导致套筒收缩，而当套筒"感受"到人体pH变化时就会变成粉红色。再如图4-7所示，这种针织服装能感应温度变化并随之调整，从而适应人体身形。不过，这种单向变换只会发生一次，它不会恢复到原来的形状，也不会在顾客穿着或洗涤时意外变形。这种设计只是为了让衣服可以完美地契合人体身形。

图4-6　一种能感知并响应水分和pH变化的针织套筒

资料来源：Little Devices Lab，MIT，Self-Assembly Lab，MIT，Ministry of Supply，University of Maine，Iowa State University。

图4-7　一种能根据温度自我调整以适应人体身形的针织衣

资料来源：Self-Assembly Lab，MIT，Ministry of Supply，University of Maine，Iowa State University。

然而，在这项研究的最新进展中，我们已经能够证明织物变换的可逆性，即可以实现双向转变，这些转变更能满足服装对气候的适应性，也就是允许织物根据外部环境或客户体温的变化进行转变。这些技术还利用了 3D 工业编织技术，我们可以在整件衣服上一针一针地更换纤维、长丝或纱线。这意味着，就像利用多材料进行 3D 打印一样，我们可以对服装的每一个"像素"，即织物中的针脚，实现材料的改变。通过改变材料之间的关系，可以微调各种材料的性能，根据外部温度或湿度的变化来设计它们的膨胀率或收缩率。天然材料，如羊毛或各种聚合物纤维，在一定的温度或水含量下会收缩。这样在易收缩区，我们可以一针一针地改变纺织结构来调整透气性。随着这一技术的发展，我们可以创造出能适应温度变化的纺织服装。当人们从温暖舒适的室内来到冷冽的户外时，身上轻便、透气的毛衣就可以收缩孔隙，变得更厚来帮助隔绝冷空气，维持他们的身体温度；反之，当人们在炎热的夏天从有空调的办公室走到外面，身上衣服的孔隙应该能够增大，衣服变得更透气、更薄、更轻，以帮助他们的身体散热。也就是说，无论什么季节，无论室内室外，这种服装都可以主动进行自我转变，都可以不断地适应，来回地调整，使人体一直保持舒适。

这些只是自组装实验室所研发的活性产品中的部分案例，但不止我们的实验室在研究利用这一技术，还有其他研究人员也在开发独特的不同方法来设计和制造类似系统。例如，MIT 媒体实验室（MIT's Media Lab）可触媒体小组（Tangible Media Group）的石井宏（Hiroshi Ishii）教授团队已经开发了许多可以主动自我转换的系统，试图创造超越键盘和屏幕的人机互动新界面。他们开发了充气式设备、触觉界面、可变形表面和其他一些技术。除此之外，在其中一个名为"生物逻辑"（bioLogic）的项目中，他们已经研发了一种生物材料执行器。

这种传感器可以应用于织物，从而生产活性服装和其他产品。他们还发明了一种衬衫，这种衬衫可以感知汗液，并进行自我改造，增大孔隙，从而使人体保持凉爽。同样地，由菲奥伦佐·奥梅内托（Fiorenzo Omenetto）带领的美国塔夫茨大学丝绸实验室（Silk Lab），也走在了生物材料转化研究的最前沿。据奥梅内托介绍，从新的可穿戴传感器到利用光学变化进行传输的材料，再到可植入电子设备和医疗设备，甚至是可溶解设备，丝绸实验室都可以用丝绸来实现。如图 4-8 所示，这种由可溶于溶剂的蚕丝制成的电子元件，当其完成使命时，就可溶解于特定液体以便回收利用或在体内分解。丝绸实验室的工作信条之一是"可编程的形式 + 可编程的功能 = 独特的材料成果"，这个公式简洁地表达了可编程材料的核心性能。正如这些研究人员的工作所展示的，这个关于编程的等式既可以应用于生物材料制造，也可以应用于非生物材料研究，如薄膜、织物和其他材料产品。这些项目，就像之前的自成形鞋和活性织物实验一样，为我们对材料的使用提供了一个崭新的视角，力图与我们的产品建立更动态和不断变化的性能关系。虽然其中一些产品目前只存在于实验室阶段，没有实现市场化，但这并不是因为它们相比旧的同类产品更难生产、更贵或更不耐用，主要是因为制造商和消费者文化还没有跟上对活性材料这一领域的思考方式。在今天它们的应用范围是有限的，但这种情况终将改变。

与日常生活中常见的静态产品不同，由活性材料制作的产品虽然也不能抵抗所有的外界力量，但它们是高度活跃的，可以充分利用周围的环境，利用自己固有的材料属性。总之，产品不应该被动地一成不变，它们应该随时调整以适应我们不断变化的需求，对环境做出反应，并激发我们的思考，使我们表现得更好，共同过上更健康的生活。

图 4-8　一种由可溶于溶剂的蚕丝制成的电子元件

资料来源：Fiorenzo Omenetto。

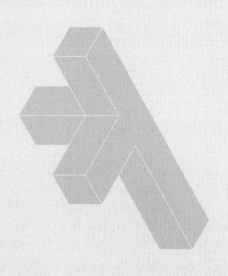

THINGS
FALL
TOGETHER

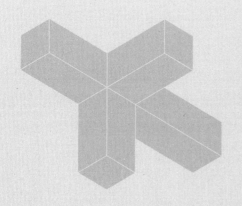

A Guide to the New Materials Revolution

05

没有机器人系统的
机器人

ROBOTS WITHOUT ROBOTS

　　大多数人可能仍然认为机器人就只是一种可以感知、做出反应并可以移动的机械和电子设备。我们可能会想起小时候玩的机器人，或者在电影中看到的机器人，甚至可能想到工业机器人，比如那些应用于汽车行业的机器人。所有这些机器人都使用了计算机程序来进行操作：它们使用传统的电子设备接收并处理信息，再通过执行器移动。通常，人类设计开发机器人的目的是用它来抵抗或对抗一些外力或外部影响，如行走机器人试图克服重力来爬楼梯或上山；工业制造机器人会设法避开潮湿环境、振动，或任何其他会降低其精度、破坏其性能或降低其效率的外力。

　　机器人只能用来对抗外力吗？答案是否定的。与其和周围环境作斗争，我们不如将材料结合起来，这样就可以借这些外力来做一些有用的工作。在工程设计过程中，这些外力长期被认为是需要克服的障碍，利用它们可以从根本上改善产品及其性能。下面以飞机的飞行为例来进行说明。机翼是一种特殊类型的集机电、液压和气动功能于一体的系统，在某些情况下，它会以非常戏剧化的方式产生变化。按设计，它可以移动襟翼、产生升力或阻力、打开通风口，并完成一架飞机在飞行中所需的所有机械操作。机翼的所有电子设备、驱动装置、机械系统、结构、紧固件和表面都需要抵抗极端的温度、压力、水分和振动等因素的影响。这些外力相当重要，而且每天都在有规律地发生，主要来源于外部环境。从 3 万英尺[①] 的高空飞到地面，从一种极端天气飞到另一种极端天气，从 500 英里[②]/时的速度到完全停止，从低海拔到高海拔再回来——飞机飞行得如此稳定和安全，真是了不起。这些机器被设计成不知疲倦地对抗每一种外力——谢天谢地，它们做得不错。但它们必须抵抗而不能驾驭这些外力吗？或许可以学学鸟类？鸟类的飞行方式是积极地利用周围的外力，如利用不断上升的气流或适应风向来飞行。

如今常见的机器人的变换机制不同于我们周围的自然变换机制。人类和动物在环境中生长、修复，并不断适应环境。在适当的条件下，即使是非生命系统也可以从固体变成液体，再变成气体，又反方向变回固体。我们周围的材料世界简单而活跃，也许比机械机器人的世界要先进得多。

利用这些材料和外力意味着机器人并不总是需要靠传统的所谓机器人系统才能运作。机器人系统可以摆脱传统的马达、传感器或电子设备，但依然具有我们在周围自然环境中常见的所有仿真特性。机器

---

① 1 英尺 ≈ 0.3048 米。——编者注
② 1 英里 ≈ 1.61 千米。——编者注

人，包括软材料系统的未来，都将发生巨大的变化，它们看起来会与如今这些机电机器人完全不同，但拥有现在这些机器人所有的能力，甚至更多。这种新型软材料机器人会更便宜、更容易生产。它们不依赖电池或电力，而且是一次性可回收的，非常安全。我们倾向于把这种软材料机器人看作某种全新的东西，毕竟它只是一种表现得像机器人的材料。

4D 打印，使部件从一种形状变为另一种形状

我刚到 MIT 任职期间，在比特和原子研究中心（Center for Bits and Atoms，CBA）参与了一个研究项目，这个项目是美国国防部高级研究计划局（DARPA）"可编程物质"（Programmable Matter）计划的一部分。当时，可编程物质通常是指机电机器人，因此这个项目下的许多研究小组，都在开发各种尺寸、形状和功能的可重构机器人，也就是可以自己移动、可以通过模块组件进行组装或拆卸的机器人。我们的项目创造了一套一维链状的可重构机器人，它们可以自行转换成任何 2D 或 3D 结构。如图 5-1 所示，像机器蠕虫一样，这个结构可以蠕动，可以折叠或卷曲成不同的形状。这种机器人的大小从一厘米到几米不等。我研究过其中最大的机器人，其尺寸以米为单位。

后来，当我从更广阔的视角来回顾这个项目时，我开始反思机电机器人的一些局限性。作为一名建筑师，如果每一块砖都是一个机器人，那么将每个组件自身的建造成本和运行所需的电力成本累计所得的整个建筑的成本就会太过高昂。此外，由于组件的数量太多，机器

人砖块很可能会经常失效，而且与传统的非机器人建造过程相比，它的组装更加复杂。这表明，在尝试使用机器人组件进行大规模或批量化生产制造时，存在一些可扩展性问题。考虑到这一点，我试图找到不用机器人组件就能创造可重构机器人模式的方法。自组装实验室的第一个突破是使用多材料打印技术在没有机器人的情况下创造可重新配置的结构，我们称之为 4D 打印。

图 5-1　DARPA "可编程物质" 计划开发的大尺寸可重构机器人

资料来源：Skylar Tibbits and Center for Bits and Atoms，MIT。

多材料 3D 打印是在三维空间中同时沉积不同材料的过程。我们更进一步，在 3D 打印的基础上，加入 "时间" 这个维度，使物品在离开了打印机后可根据外界环境改变自己的形状。我们称它为 4D 打印，即可以随着时间的推移而改变或重新配置的 3D 打印结构。我们用于 4D 打印的实验材料之一是水凝胶，它遇水可以吸水膨胀；另一种材料是刚性聚合物，我们可以将其打印成精确的接头，通过 "图形代码" 来编码包含从一种形状转换为任何其他形状所需的所有细节和结构。我们打印了不同类型的结构，它们要么是平面，要么是一维线条。我们反复试验，以尽可能缩短打印时间，减少材料使用量。然后我们将这些结构放入水中，让它们自行转换成更大的 3D 结构：如图 5-2 所示，有的转化为大尺度蛋白质分子结构；有的折叠成"MIT"字样的线条；有的形成三维立方体；还有的平面形成折纸造型；甚至还有平面收缩成了双曲面结构；等等。所有这些结构都证明：在没有任何机器人或其他电子设备辅助的情况下，4D 打印可实现一种形状到其他形状的转变，结构的复杂性和物理能力也相应增加。在我看来，这些就是我们在 DARPA 计划下制造的机器人——看，多么容易！它们不需要组装就能工作，生产成本不高，而且它们不像其他机器人系统那样经常出现故障。

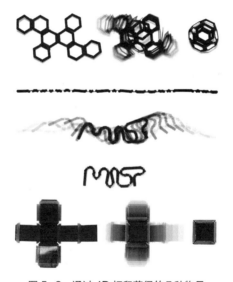

图 5-2　通过 4D 打印获得的几种物品

注：4D 打印是一种通过水分活性来感知和转化以生产多材料结构的方法。通过 4D 打印，具有不同属性的材料可以自然连接成一个整体，比如其中一种材料在受潮时会膨胀，而且它会根据第二种材料的精确几何形状变化。这样，我们可制造出按不同使用场景变形的平板。

资料来源：Self-Assembly Lab, MIT, Autodesk。

　　我们不只是利用 3D 打印技术打印那些静坐在桌子上的物体，也不是试图以一种新的方式来制造已有的东西，就像我们在其他 3D 打印项目中看到的那样。我们感兴趣的是如何打印高度活跃且可以自我转化的材料，这些材料会随着时间的推移而进行自适应变化和重新配置。这项工作在许多方面都类似于我们以前开发的机电机器人，但我们不需要组装所有的机器人部件；也类似于打印现有的传统"智能材料"，如形状记忆合金、形状记忆聚合物，它们可以随着温度或电流的变化来改变形状，但我们现在可以从头开始创建它们，并定制它们的材料属性，使其能够根据环境进行特定的转换。受固定形状、尺寸和材料属性的限制，如今的智能材料通常比传统材料更昂贵，并且制成的部件需要额外的组装程序才能嵌入产品。这在很大程度上解释了为什么它们没有得到更广泛的应用。

Things Fall Together
新材料的未来

使用 4D 打印来应对医疗挑战

　　自从 2013 年自组装实验室首次引入 4D 打印技术以来，越来越多的研究人员致力于这一领域的研究，各类期刊、会议甚至为此专门拨款支持。这项技术最令人惊讶但又最有希望实现的应用是打印医学领域的适应性手术设备。这些设备可以根据患者的具体情况来设计、定制和打印，并植入其身体，以精准的方式自行改变以适应患者情况；这些设备可以解决人体内的局部问题，而不需要进行人工或外部机器人手术。这项研究已在世界上许多地方展开，研究成果有药物输送胶囊和支架、气管支架。例如，密歇根的医生利用 4D 打印技术打印了气管支架，并将其植入三个患有罕见致命疾病的婴儿体内。这些设备被设计得可在人体内生长和变形，并随着时间的推移而溶解，从而不需要进行传统手术来移除。这很可能就是下一代智能医疗"机器人"，这些机器人由简单的材料制成，制作过程简单，还可以定制。

4D 打印智能材料可以基于水、温度或光等条件进行定制折叠、卷曲、拉伸或收缩，如图 5-3 所示。

使用类似的技术，我们有可能看到这样的未来：在进行产品打印时，可以将所有的智能功能都直接嵌入材料，而不需要额外的组装或组件来让它们变得"智能"。当我回顾 DARPA 的"可编程物质"计划时，也许 10 年前它不可能完全实现的原因之一，就是所使用的机电机器人系统存在局限性，缺乏可扩展性。许多研究人员已经转向使用柔软、灵活和适应性强的材料机器人。从颗粒堵塞到合成生物学、软材料机器人、4D 打印以及更多其他技术，研究人员正在开拓引领材料和制造过程的新浪潮，最终实现利用可编程材料进行创造的美好愿景。

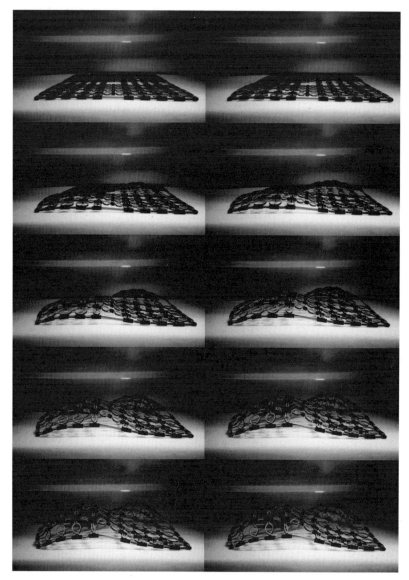

图 5-3 通过 4D 打印获得的复杂面状结构

资料来源：Self-Assembly Lab，MIT，Autodesk，Stratasys。

材料既是执行器，又是传感器

材料就是机器人。材料可以表现出执行力和传感器功能，并传达其包含的嵌入式信息，而不需要任何外部设备。无论是尺寸最小的物体还是最大的物体，包括可将 DNA 从单线折叠成任意形状的自折叠 DNA 折纸术，到可以转换速度、精度和灵活性的大型气动外骨骼，我们都可以在它们身上看到这种能力。

以木材为例。木材很可能是我们能随手找到的"最智能"的天然材料。木材既是传感器又是执行器。它既能感知环境中的水分，又能根据这一环境信息从一种状态转变为另一种状态，还能在其纹理中嵌入图形信息——想一下木匠利用木材的膨胀特性来创建精确且极其坚固的接缝。木材的自驱作用来自它的植物纤维成分，它们能感知并吸收水分，从而膨胀。当环境中水含量达到一定程度时，木材就会卷曲成特定的形状；没有过多水分时，木材将保持静止和平坦。这种能力使木材既是一个传感器和驱动器，又可将图形信息嵌入其纹理。

材料传感器也会出现在其他地方。你完全可以自制一个简易恒温器。怎么做？很简单，用两片不同的金属就能实现！就像 18 世纪哈里森的海上钟一样，这种简易恒温器由两层金属制成，每层金属都有不同的热膨胀系数，即材料随温度变化而膨胀或收缩的量不同。当两种热膨胀系数不同的金属结合在一起后，在不同的温度下，其中一种金属膨胀或收缩，迫使另一种金属弯曲，从而驱动指针旋转到当前温度指示处。双金属片是非常敏感的，这使它成为一种相当精确的测温工具。因为它不需要马达、外部电源或其他任何可能失效或磨损的零部件，所以可以使用几十年，甚至几个世纪。事实上，材料传感器很可能比电子传感器使用得更久。这种由简单材料制成的传感器和执行器，价格低廉且性能稳定、结构简单且相当智能，即便它的名称中并没有"智能"两字。

材料逻辑，嵌入结构中的逻辑机制

材料也可以体现逻辑。一个最简单的例子就是圆珠笔的顶端。有些笔有一个按钮，按下它，笔芯伸出或缩回。该按钮接受单一输入，即向下按，并执行两种可能输出中的一种。输出的行为取决于之前的状态——这是反应滞后的一个例子。我们认为这个简单的系统是理所当然的。但它很吸引人，因为它展示了一个重要逻辑机制：

当按下按钮时，
如果圆珠笔处于笔芯伸出状态，那么收回笔芯；
如果圆珠笔处于笔芯缩回状态，那么伸出笔芯；
除此之外，保持圆珠笔笔芯当前位置。

这个极其简单的材料装置实际上是可以存储记忆的。它存储以前的状态，响应输入，并根据条件做出更改状态或不更改状态的逻辑决策。对它的操作展示了一种嵌入结构的逻辑机制，而不需要另外的电子设备、晶体管或典型的计算设备来辅助。

如果我们把这种关于材料传感器、执行器和逻辑的新思路应用到我们之前探讨过的飞机上，就可以创造出一个完全不同的航空未来。

是不是可以设计出一种像鸟一样飞行的平面组件，这些组件柔软且可变形？自组装实验室和空中客车公司（下文简称空客）最近的一次合作使这个想法向现实迈了一步。我们关注的是进气口，这是喷气发动机顶部的一个小部件，可引入空气来冷却发动机。不过，它也会带来阻力，降低飞机的效率，因为它毕竟就只是引擎顶部的一个洞。

在航空领域，解决这类问题的传统方法是另外安装一个机电或液压襟翼，它的开启和关闭方式与飞机机翼的相同。这种解决方案需要额外的发动机、传感器、电子设备和电线，这些都需要接回到驾驶舱进行控制，并且所有这些设备都会延缓飞机交付。额外的零部件也会增加飞机的总成本，而且需要更多的维护，在组装过程中增添了额外的步骤，并增加了失效的可能性。因此，这种增加零部件的解决方案，其效率可能低于最开始没有解决问题时系统的效率，还会导致飞行成本增加。有鉴于此，空客要求我们找到一种独特的解决方案，既能控制气流，又不会增添复杂性。

与此同时，我们一直在与 Carbitex 有限责任公司合作开发一种新的活性材料成分。Carbitex 是一家生产柔性碳纤维材料的公司。我们想要扩展材料的功能，所以研发了一种工艺，可实现碳纤维根据温度、湿度、光照或压力进行自我转换。为此，我们将不同的聚合物层与碳纤维结合在一起，如图 5-4 所示。聚合物层的取向与碳纤维颗粒的编织取向的关系决定了碳纤维自我转换的类型，例如，碳纤维是否会折叠、卷曲或扭曲。聚合物层的厚度决定了自我转换中力的大小、速度和总的运动量。聚合物的种类不同，温度、湿度或光照等活化因素对碳纤维的影响也不同。因此我们可以选择不同的组合，根据编织图案将它们组合成特定的几何形状。这种柔性碳纤维结构是前面所提空客飞机上进气口难题的完美解决方案，因为它和航空工业经常使用的传统碳纤维一样，密度较小且非常坚固；此外，它高度活跃，能够感知合适的条件，决定何时转换到所需的状态，为发动机带来冷空气，并最终回到关闭状态。如图 5-5 所示，这个柔性碳纤维片可以根据温度的变化或气压差来移动，以打开或关闭进气口，从而控制进入引擎的气流。

图 5-4 可以感知并响应温度变化的柔性碳纤维结构

资料来源：Self-Assembly Lab，Christophe Guberan，Erik Demaine，Carbitex LLC。

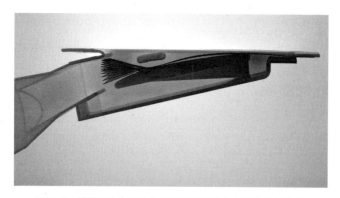

图 5-5 放置在空客发动机进气口零部件中的柔性碳纤维片

资料来源：Self-Assembly Lab，Carbitex LLC，and Airbus。

最终，我们根据引擎内部和外部压力差这一条件研发了一个襟翼。当飞机在地面上时，襟翼保持打开状态，最大限度地增加进入引擎的气流。然后，当飞机起飞并上升时，襟翼进入二级状态——关闭，并减少进入引擎的气流。这种二级状态是由一个双稳态机制来创建的，这种机制由组件内外部之间的压力差引起，有两种稳定状态。当飞机下降飞行高度，准备返回地面时，襟翼再次闭合。我们在法国的空客工厂进行了风洞测试，这一可变形进气口组件成功通过测试。这种设计不依赖于目前操纵我们飞机的机电和机器人设备。它可以感知和激活已提前进行编码的行为。这个例子表明，类似机器人的功能可以嵌入简单的材料，而不需要额外的组件。

最近还有其他一些改变航空零部件的例子。NASA 与 MIT 比特和原子研究中心合作，开发了一种由复合结构组装而成的机翼。这种机翼可以通过变形和扭转来控制飞机的飞行。这一研究的主要目标是展示超越机械襟翼等设备现有功能的变形能力，并将其嵌入整个机翼，提高飞机灵活性。这个例子和航空部件的其他各种变化发展指出了飞机制造的一种新的模式——提高飞行效率、减少组装时间、降低复杂性，并最大限度地减少维护。所有这些技术进步都是通过更智能的方式，使用更少的材料来实现的。

可打印的机器人，重新思考机器人的性能

现在，越来越多的机器人表面上看起来像传统机器人，但没有任何常见组件。研究人员正在开发"打印机器人"和自折叠或自组装的

材料机器人。这些新型机器人具有简单而智能的结构，它们易生产，通常是由 3D 打印、激光切割或其他数字化手段制造而成，并且在成本、耐久性或强度重量比方面具有较大优势。其中一些机器人可以自我转换：如从预制板变成功能齐全的平面行走机器，或突然变成机器人并飞离桌子；再如一个可弯曲和随着周围物体形状变形的充气硅胶结构，它可以变成一个夹子夹住物体。例如，MIT 分布式机器人实验室（Distributed Robotics Lab）的丹妮拉·鲁斯（Daniela Rus）发明了一种毫米尺度的材料，它可以自我折叠、行走、游泳，甚至可以通过自我溶解来实现回收。

最近，乔治·怀特赛兹（George Whitesides）、詹妮弗·刘易斯（Jennifer Lewis）、罗伯特·伍德（Robert Wood）和他们各自的团队利用多材料合作开发了一种化学驱动、完全自主的印刷软章鱼，名为"章鱼机器人"（Octobot），如图 5-6 所示。这种机器人不需要依赖电子或气动控制。它利用微流体的流动特性来控制燃料的化学反应，从而产生气体，推动自己移动。

在以上这些例子中，机器人都不是用笨重的金属部件、齿轮或传统的交流调节器制造的，它们是由复合材料通过新颖的方法制造而成，从而实现可编程性。

不用说，这种新型的智能材料结构正在挑战我们生产机器人的思维方式。这一不断发展的软体材料机器人领域，可以生产出比传统机电机器人更轻、更强、更快、更具适应性和耐用性的材料结构。可编程材料使我们能够重新、彻底思考软体材料机器人的性能，思考其有别于传统机器人的能力和构造。但更重要的是，由这些材料制造的机器人可以带来新的应用，而这些应用以前从未通过传统机电机器人实现过。因为要实现这些应用不是花费太大或太危险，就是机器人组装起来太复杂。例如，哈佛大学的罗伯特·伍德和他的团队与戴维·格鲁伯（David Gruber）、《国家地理》杂志合作开发了一种软体材料机器人，它被当作远程操作工具上的水下抓手，可以轻松抓取海洋生物。类似的具有自主意识的软体材料机器人也可以用于危险的地方，如战区、倒塌的建筑，以及其他所有对于人类探索者而言过于困难和危险的情境。由于具有灵活性，它们能够适应不同的环境，能够挤过狭小的空间，能够随不同的外力变形，这是传统机电机器人难以做到的。软体材料机器人也可被用作假肢、外骨骼或触觉反馈装置的人体接口（见图 5-7），因为软体材料机器人柔软、反应灵敏，与传统机电机器人相比，对人体更为安全。

图 5-6 "章鱼机器人"

资料来源：Photo by Lori K. Sanders，Harvard University。Project by Michael Wehner，Ryan L. Truby，Daniel J. Fitzgerald，Bobak Mosadegh，George M. Whitesides，Jennifer A. Lewis，Robert J. Wood。

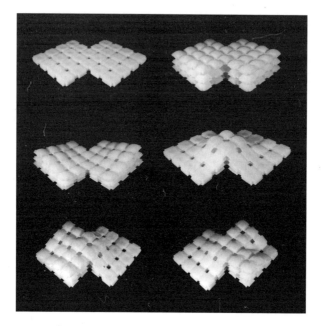

图 5-7　一种可根据气压从一种状态转变为另一种状态的打印充气材料

注：该材料可以垂直驱动、波动或通过叠加变成一个更大的结构。柔软的硅胶结构可实现气动控制，从而使垫子或泡沫改变刚度，适应身形，创造可调的舒适性，并提供腰椎支持、按摩功能，甚至碰撞保护功能。

资料来源：Self-Assembly Lab, MIT, and BMW。

智能衣物，超越复杂的解决方案

由于软体材料机器人技术的出现，服装和鞋类行业正迎接新一轮变革。这一行业的公司长期以来一直希望在其产品设计中融入类似机器人的功能。至少从《回到未来》（*Back to the Future*）中展示的自动系鞋带的鞋子，或者钢铁侠的智能外骨骼问世以来，许多公司就一直梦想着生产更智能的产品，它们可以变形并与身体融为一体，可以调整形状以提高舒适度，可以改变硬度或牵引力以提高性能，可以调整孔隙率以提高透气性和防风雨性。通常，这些公司认为，实现这些能力的最直接途径是在他们的产品中添加电机、传感器和其他机器人数字化零部件。

同样，我们正在见证智能可穿戴设备和体育技术的蓬勃发展：从追踪我们每一个动作和心跳的手环，到监测生命体征的衬衫，再到能够主动加热或降温的衣服。许多品牌似乎都在追逐越来越智能的可穿戴服装和设备。机器人零部件的简单添加使得产品的生产成本更高。无论是材料部件，还是制造和装配过程的额外时间和复杂性，这些成本通常以更高的价格转移给消费者。机器人组件也增加了服装的重量，太笨重的鞋子和服装很少是消费者想要的；这样也会增加出现故障的可能性。这些衣服或鞋子通常需要电力和电池支持，而这会带来安全隐患——它们可能会过热爆炸，从而伤害到人。我们可能想要更智能的产品，但我们并不想将一个机电机器人穿在身上。

柔软、可适应的软体材料机器人可为我们提供智能可穿戴服装、鞋子、外骨骼，以及其他任何与身体接触产品的所有相同功能。它们可以依靠体温、阳光、水分或我们周围丰富的自然能源来运作，而不是依靠电池或电线。它们可以感知我们的身体，以柔软、舒适的方式转变，并无缝融入我们的日常产品中。这些材料机器人甚至可以使用织物和其他薄材料，以现有的制造手段，包括编织、针织和层压等来实现。

我们应该挑战自己，研发更多智能但简单的软体材料机器人。我们应该根据机器人的复杂性来衡量材料的可编程性和功能性。一般而言，随着功能的增加，机器的复杂性、成本和故障率也会增加。然而，通过应用可编程材料，机器人的复杂性可以降低，而其功能和准确性却可以增加。这才是真正的优雅，无论是其功能价值还是技术特征都可称得上优雅。

计算机科学家经常谈论"寻找优雅的代码"。换句话说，他们想找到一个复杂问题的最有效和最简单的解决方案。如何减少代码行数来实现最大的目标？物理学家和数学家也总是在为最复杂的问题寻找最简单的解释。我们需要将这种极简主义的目标转化为机器人的实现技术。实现一个优雅且极简的解决方案需要一个细化和迭代的过程。我们应该超越复杂的解决方案，让材料通过自身的进化和适应达到最大的优雅。

THINGS
FALL
TOGETHER

A Guide to the New Materials Revolution

06

自下而上地建造，从头开始制造产品甚至环境

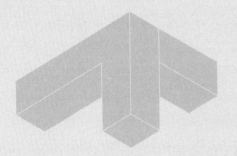

BUILD FROM THE BOTTOM UP

人类通常都是按照自上而下的理念进行建造活动的。我们提出想法，寻找并获得材料，使用这些材料来实现这些想法。创造力来自我们自己，物质现实来自建筑工人或机器人对材料的组装，功能则来自最后呈现的设备。在这种世界观中，材料是被动的，它们听从我们的命令。

但是还可以用另一种方式，一种自下而上的方式，来考虑如何进行设计，实现功能和装配。这种方式使材料能够彼此合作，并与它们周围的环境相互作用，因此我们可以创造出总功能远超过各部分功能之和的系统。看看人类、植物、钻石、山脉或行星是如何形成复杂的结构且实现其功能的：这些自然系统，有些是有机的，有些是无机的，它们都是由各个组成部分与环境之间的相互作用形成的，而不是根据一个先验的设计自上而下地形成的。日常生活中，我们可以看到不少建筑工人拿着小锤子和螺丝刀等简单工具来建造各式各样的房子，但没有像行星那么大尺度的打印机来制造行星。设计、构造和功能都是独立出现的。

我们可以看到这种自下而上的建造发生在除人类之外的许多生物身上。蚂蚁、蜜蜂、海狸、鸟类和几乎所有自己筑窝的动物都采用了自下而上的建造理念。有时，这些生物会单独筑窝，并遵循自己的规则，适应周围环境或材料的性能和变化。例如，筑窝的海狸不会一开始就进行设计，相反，它们不断地寻找材料、搭建，并在找到的材料和环境条件之间进行取舍，最后建成一个功能性的洞穴。洞穴的物质成分总是根据海狸所能找到或使用的材料而变化，但其功能不会随着水位或天气模式的波动而受到太大影响。也就是说，它们的家是动态变化的，这多么惊人！此外，我们可以发现，有些物种通过一种被称为"共识主动性"（stigmergy）的集体结构形式在一起工作。在这种结构中，各群体不是通过直接的沟通一起工作，而是彼此间接合作，如一只昆虫可以在环境中留下化学痕迹，促使另一只昆虫以特定的方式行动。它们倾听环境，不需要全局的甚至局部的指令，也不需要实时的面对面协作，利用手头的材料，就能建造令人难以置信的复杂结构，如白蚁丘、蜂箱或蚁穴。我们是不是也能向它们学习呢？

像蜂群一样，自下而上地建造

汽车、飞机、建筑物等任何复杂人造系统的组装过程，都要用到成百上千个零部件。可以说，要明确规定每个零部件的位置以完成完美的设计是相当困难的。这个过程也是非常复杂的，因为需要向建造团队一层层传达指令，也因为每个零部件的位置都取决于其他零部件的位置。零部件和建造团队之间存在的这些相互作用关系，使得在不断变化的环境中完成复杂系统的组装变得非常困难，此时自下而上的理念就发挥了巨大作用。在自下而上的理念中，系统结构是从零部件及其环境的关系中产生，而不是从预定的设计中产生。

这种自下而上的理念也可用于模式和结构的物理组织过程。例如，哈佛大学的一组研究人员已经证明，分布式装配机器人可以摆放零散的零部件，然后沿着这些零部件，不断地建造更大的结构。类似地，拉迪卡·纳格帕尔（Radhika Nagpal）的"集群机器人"（Kilobot swarm）项目创造了大量简单、廉价的机器人零件，它们具有分散的简单通信程序，但它们可以共同工作，聚集成类似蚁群或鱼群一样的结构，看上去像一个特殊的二维图像、符号或字母，如图 6-1 所示。而且令人惊讶的是，这个组装过程并没有人来统一控制。

再来看看一些大型应用。苏黎世联邦理工学院的格拉马齐奥-科勒研究中心创造了无人机组装技术：如图 6-2 所示，无人机可以捡起砖块，进而将它们堆叠起来建造大型建筑塔；或者类似地，在无人机的帮助下建造横跨不同地点的拉伸桥梁结构——绳索完全是用无人机运送的。在这个过程中，无人机需要相互协调彼此的运动和位置，使用相对简单的部件共同组装。可以说，这个例子利用自下而上的建造完成了自上而下的设计。因为总体设计可能不会改变，那么无人机必须能够在飞行中根据其他无人机的工作和已取得的进展实时调整。这在建设过程中是非常有用的，可以随时创出更多的"手"来组装东西，使得建造的过程更快、更分散、更灵活。当然，这些无人机也可以是自主的或与人类协同工作，这样能够在不影响进度的条件下调整设计。格拉马齐奥-科勒研究中心还研发了机器人的现场建设能力，以适应人为的或自然的环境变化：机器人不断扫描零件和结构的位置，如果一个组件错位，那么机器人会调整它；如果错误已累积或者结构已失效，那么机器人会对后续设计进行修改并使其完善而不影响整体结构。这就形成了一种自下而上的建造和自下而上的设计，并且在整个系统中，人与机器人紧密耦合。

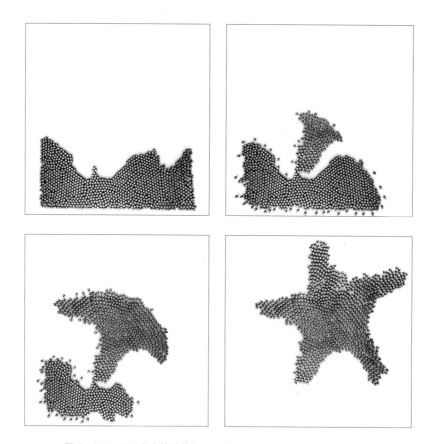

图 6-1　1 000 多个简单的机器人部件组成的集群机器人 Kilobots

资料来源：Michael Rubenstein and Radhika Nagpal, Harvard University。

图 6-2　由无人机堆叠砖块而搭建的建筑塔

资料来源：François Lauginie and Gramazio and Kohler。

马塞洛·科埃略（Marcelo Coelho）和戴维·本杰明（David Benjamin）通过使用智能组件和简单的人工构建器，开发了一个与上述研究方向相反的项目。在他们的项目中，砖块包含了组装结构所需的所有信息，可以告诉人们何时何地放置零件。当有人拿起一个零件时，它就会亮起来，然后整个结构中对应的位置也会亮起相同的颜色来匹配。这种颜色编码的照明模式可以指导用户将零件放置在准确的位置。嵌入砖块中的所有信息都可以确保即使是小孩也能精确地构建出所需的最终结构。

科埃略为 2016 年里约热内卢残奥会开幕式开发了一个技术含量更低但规模更大的系统。该系统使用了内置长条状发光二极管

（LEDs）的简单荧光棒，这些 LED 会按数字光模式闪烁和亮熄，在体育馆中，荧光棒引导数百人完成精心设计的表演动作，如图 6-3 所示。这些荧光棒显示出了个体独有的模式、所需的时间及其与其他个体的关系，这样，人群和简单的材料配合就形成了一个类似于蜂群的自下而上的系统。就每个人所掌握的信息量或组成部分而言，这个系统简单得令人惊讶，但它创造了几乎令人着迷的壮观表演：这些动作、这些舞蹈编排，就像有某个人在发号施令。然而若按传统的自上而下的设计，那么这场盛宴很可能因突然的人员身体不适导致的数量变化而毁于一旦。在这个例子中，自下而上的集体指令所蕴含的力量是由一组简单的规则赋予的，这些规则嵌在基本的组成部件——荧光棒中，这样就形成了集体组织，也就体现出执行的精确和优雅。

图 6-3　2016 年夏季残奥会开幕式上的表演

资料来源：Tomaz Silva / Agência Brasil。

如果我们把这一点应用到环境建筑中，就可以开发一种更快捷、更低廉，甚至可在极端条件下实施的建造新方法：如可通过不精确的零件来建造精确的结构，或者建筑工人中可能有一些不熟练的工人，这些人几乎不掌握装配信息，但他们可以使用更智能的材料零件，同样能制造出精确的结构。不过，在这个过程中我们需要面临的一个挑战就是如何安排装配顺序。按照传统思路，一个任务要等到另一个任务完成后才能开始。在自下而上的协作团队中，建筑工人、材料和机器人可以动态地调整顺序，相互适应，或者同时完成许多组装。此外，建筑过程也可以适应整个施工顺序，而不需要改变整体顺序或重新设计，不同任务的进程可以彼此不同步。材料和建筑工人可以通过共识主动性，即彼此间的联系及进程来协调合作。

控制，放弃一点控制权会变得富有成效

那么，为什么我们在日常建筑和制造中很少看到人们使用这些新原则呢？有时候，设计师很难理解自下而上的过程，更别提让解决方案随着时间的推移自然出现。在某些方面，自下而上的过程似乎与传统的"设计"概念背道而驰。在传统的"设计"概念中，是由我们人类提出一个想法并将其实现，整个过程由人类控制。从制造和施工的角度来看，放弃对组装过程的控制也是有风险的，因为施工团队要对最终结果负责。毫无疑问，设计要符合建筑或制造业的安全标准、执行精度和最佳实践。然而，放弃控制和使设计满足标准这两者并不相互排斥。一直以来，我们都被训练成以自上而下的方式进行思考，而这种方式可能忽略了有价值的解决方案，那些从材料及其与周围环境

的关系中发展出来的解决方案。

我们经常害怕失去控制，认为缺乏控制就意味着混乱、随机、缺乏精确性或存在破坏性等。但我们也应该认识到，面对现实世界中不断变化的需求和环境，我们在设计过程、组装顺序，甚至是最终产品的生产方面很少有控制权。例如，建筑是为实现一个具体目的而设计的，随着时间的流逝可以被用于其他目的或拆毁，建筑师不可能在设计的过程中将这些未来的用途完全考虑在内。在创造过程中，很多事情都会发生变化，包括物流、供应链、目的，甚至建筑本身所处的环境等都会发生变化。因此，在设计、材料和目标使用场景之间寻求一种更优雅的平衡关系，也许才是我们最应感兴趣的方面。

退一步海阔天空，放弃一点控制权会变得富有成效，让我们能够在更广阔的环境中挖掘智慧。拥有完全的控制权，我们反而可能会受到限制，因为这样的话，我们可能压根儿不会思考新的解决方案，最后往往是：过去是这样做的，现在依然这样做。但实际上还有很多其他的可能性。例如，我们很少插手树的生长、花园的形成、酵母在酿造啤酒时的化学反应，甚至婴儿或任何其他有机体的成长，然而，它们经常给我们带来令人难以置信的视觉享受、美味的啤酒和健康的身体等。虽然我们不能完全控制生物或有机体的复杂性和自然世界的生长过程，无法改变细胞的组成部分或生物体与环境相互作用的方式，但我们可以改变对植物或人体生长过程中所投入的营养物质和能量。这些都是自下而上构建的。我们日常生活中无数的动态互动也是如此。

想想天气。我们每天都要适应天气的变化。我们无法控制天气，但在日常生活中，可以适应、调整，并在许多情况下继续保持生产力。我们实际上利用了环境的这种活力——世界上很多地区都以葡萄酒酿造而闻名，而不同地区酿造的葡萄酒都有自己独特的风味。如果世界上每个地方的天气条件都一样，我们肯定会错过葡萄酒的多样性和高品质。未知可能是一种挑战，但在这硬币的另一面，在这个我们并不完全控制的过程中，我们可以获得惊喜、新奇和复杂的体验。自下而上的设计和组装在自然和合成系统中都是经过验证的过程。这些过程中的一些设计和输出非常复杂，以至于我们几乎不能用其他方式构建。失去控制，我们可以获得令人惊讶的新结果。

我在这里并不是建议使用随机的少量零件来建造。自下而上的流程输出根本不一定要求都是随机的。即使我们事先确定产品是什么，可能是制造一部手机、一只鞋或一把椅子，组装过程仍然可以是自下而上的，各个零件可以自己组装起来。在这个过程中，我们只需要确定自组装的所有机制，包括各部分的形状、相互作用关系以及适量的外力，就能组装出强大的产品。

随着规模的扩大，这可能会带来特别的优势。有些人可能会说，利用人工或机器人一点一点地来制造一件产品，可能比通过自组装来得更快。那如果我们需要大量生产产品呢？这种情况下，利用人工或机器人的传统制造通常会以线性方式扩大规模——需要更多的时间、人力、财力，或者更多的机器人。然而，如果产品是自下而上组装起来的，它们就可以平行地组装，许多部件可以同时组装，而不需要更多人工或机器人。这种类型的流程可以快速地从构建一个产品转换到立即构建多个产品。我们甚至可以调整正在组装的产品类型。这对传统工厂来说是非常具有挑战性的，因为工人或机器人都需要重新安排、重新编程和重新培训。与自组装方式相比，固定的基础设施和设备不那么灵活，不能随意扩大、缩小规模或改变参数。随着零部件数量的增加、环境变化越来越复杂，与线性装配相比，并行的、自下向上的装配变得越来越高效。

从自上而下的设计转换到自下而上的建造，我们可以让设计和建造同时出现。在实验室里，我们尝试了一系列的项目，把制造过程看成设计过程，反之亦然。也就是说，当结构被创造出来时，设计也完成了。

我们在一个实验中设计了一个充满水的箱子，零部件可以在箱子里自由移动，找到彼此，进行连接或断开，并根据各自的几何形状、与其他零部件的关系以及与环境的关系形成不同结构。而环境中的外力会对可能出现的结构产生直接影响。如果我们用水泵在水箱里制造旋涡或旋转的效果，这些零部件就会形成一个塔状结构；如果我们用喷射器把水或者有浮力的零部件向上推，这些零部件就会在水面上连成薄片。可见，零部件自身组成、几何形状和彼此之间的连接性没有改变，只是周围环境的作用力改变了，这就带来了不同的潜在设计。也就是说，环境可以影响设计并推动产生成功的结构，而这种外形十分完美的结构，若按传统自上而下的设计，只有反复尝试后的最好的设计才能成功。简言之，在环境的作用下，成功的设计可能是最舒适或最简单的结构形式。通过这种方式，我们甚至能获得令人惊讶和意想不到的解决方案。

在另一个实验中，我们创造了一个充满自相似零部件的直筒形空气室，其中，零部件受风的作用和影响，快速移动，相互碰撞，不断翻滚，就像爆米花机里的玉米粒一样，如图6-4所示。

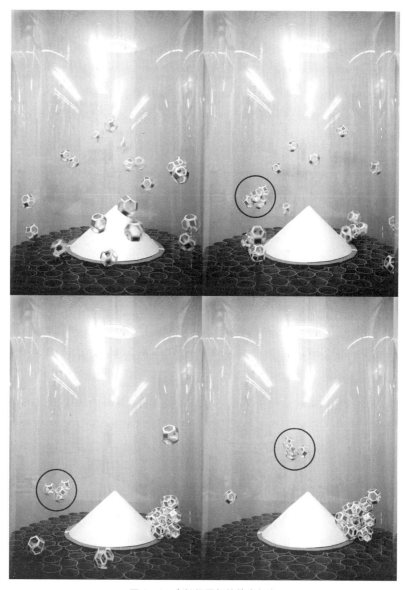

图 6-4　自相似零部件的空气室

资料来源：Self-Assembly Lab, MIT。

这些零部件由于彼此间局部的连接力较弱,很容易相互连接和断开:撞击空气室底时,连在一起的结构会四分五裂,但当被推回空中时,它们又会连接起来。随着时间的推移,我们发现某些结构不会坠落和断裂,它们会以整体一直盘旋,并吸引更多的零部件连在一起,形成能够保持稳定飞行的结构——平面或翼状和其他类似结构。这个简陋的空气室实验让我们看到了飞行几何结构的简单进化:除非这些零部件形成我们熟知的平面或翼状等"飞行形状",否则就会掉落并破碎。这些可能不是最理想的飞行设计,但它们自行组装并找到了功能性的解决方案,能够在没有人为引导的情况下飞行。这是一个简单的例子,说明了设计是如何在环境因素的作用下自然形成的,以及失去控制是如何带来功能上的提升的。这些设计可能揭示了令人惊讶的新飞行方式,也可能拥有我们无法想象的复杂性和独特性。

这种方法还有一个优点。想象一下在复杂的环境和条件中,无论是在水下、外太空、战区,还是灾后废墟中,甚至是在人体内,建造一些东西时,通常很难预先确定最佳的解决方案。而当你不能实际看到或亲身调研时,如外科手术,或者条件可能不断变化时,建造就更困难了。在这种情况下,设计更智能的材料零件则更有成效,这些材料零件可以放置在体内,适应体内条件,自行组装,并不断变换其功能,以解决局部问题。再发挥一下想象,当你不得不在一个无法保证有熟练劳动力的地方,或者在一个按行业标准判断很难建造的地方造房子时,所有的信息和解决办法都集中在材料零件中,将多么振奋人心。这意味着材料自身可以与人一起工作,并自行组装,而不需要提前对施工团队的工作技能或专业程度进行考核和筛选。这几个例子只是说明利用自下而上的组装方式和更智能的材料零件可以带来更显著的优势。

破坏建筑，也可以是一种建设

自下而上建造方法的应用可以超越产品设计、制造或建筑施工领域。自组装实验室最近在马尔代夫的一个项目，一直在探索这种方法在较开阔环境下应用的潜力。我们一直在与一个由萨拉·多尔（Sarah Dole）和哈桑·马尼库（Hassan Maniku）领导的马尔代夫团队合作，设计能够利用波浪能量的自组织沙系统，试图"种植"岛屿和沙洲。通常来说，海浪、风暴和海流都会破坏岛屿和沿海地区——双方一直在作斗争。在这个项目中，我们利用海浪和洋流的自然力量来构造建筑，而不是破坏。这个雄心勃勃且激进的项目试图解决地势低洼的岛国和沿海地区所面临的一些挑战，如气候变化导致的海平面上升和风暴泛滥风险。这个项目充满动态变化，涉及天气模式、流体动力学、泥沙运输、海洋测深学和许多其他复杂系统。

很明显，可以看出，在这些复杂的条件下，传统的自上而下设计过程或传统的材料和制造关系是无法解决这一问题的，有时甚至会使问题变得更糟。最常见的解决方案是建造屏障、墙壁和其他类似物理结构，来对抗大自然的力量。这种方法采用了人类超越自然的观点：人类是世界的主宰，可以塑造周围的环境，而不考虑海洋的力量，因为人类更聪明，可以任意改造环境，自然自会退居二线。这种方法在许多情况下都被证明是不成功的，可能导致堤岸破裂、海堤被水和沙子淹没。有时这种方法可以在局部解决问题，但在其他地方甚至会使问题变得更糟。

解决这一问题的另一种常见方法是利用疏浚的方式，从深海将沙子抽回海滩或将其堆成一堆，从头开始建造一个新岛屿。这种方法以我们知道岛屿的最佳位置建在何处和如何恢复海滩为前提,但它忽略了岛屿的主动性,并且不与环境合作。更糟糕的是,这种方法实际上只是权宜之计,只能暂时阻止海滩被侵蚀。年复一年,沙子需要重新疏浚。疏浚是一项成本高昂且对海洋环境有害的能源密集型工作,然而我们自上而下的思维方式仍在促使我们考虑利用这种方式。

与此不同,我们采取了自认为最"优雅"的方法来解决这个问题:与材料(沙子)和环境能量(海浪、水流、风暴等)合作。我们不可能知道沙子的最终最佳位置或形态,但我们可以与材料和环境合作,让水的力量引导结构的构建。如今我们已经在马尔代夫进行了多项实地实验,之后可以继续通过卫星图像、无人机镜头和物理测量等方式进行分析,时间长达数月甚至数年,如图6-5所示。同时,我们利用实验室波浪槽进行了大量的模拟实验,在不同的波浪模式和不同的水下几何结构条件下改变系统的特性,以促进短时间内沙子的堆积。通过这些实验,我们利用手边与沙子最相似的材料,开始规模化建造,建造规模达到20米×4米×2米,并将其放在马尔代夫的一个潟湖水下,如图6-6所示。在此基础上,根据季节变化、水流变化、波浪方向的变化来研究泥沙淤积。到目前为止,最成功的几何形状就像一个大陆架或珊瑚礁,水和沙子流过这一几何形状时,产生湍流和涡流,推动沙子落向海底,可产生一个延伸超过30米×20米的沙子堆积区。我们也在收集天气数据,并致力于不断模拟该系统的动态性能,以便在实验室进行新的物理实验(见图6-7、图6-8)和实地测试。我们的最终目标是能将成功的水箱实验与实地实验完美匹配,然后在马尔代夫的现场布置许多这些成功的几何结构。

图 6-5　位于马尔代夫的利用波浪能的自组织沙子项目

注：该项目旨在促进沙子的自组织，以发展新岛屿或帮助重建海岸线。这种方法利用波浪能及其与潜水几何结构的相互作用来促进沙子的堆积，其目标是创建一个大规模的、适应性强的解决方案，以帮助保护沿海社区免受海平面上升和海水持续侵蚀的影响。

资料来源：Self-Assembly Lab, MIT, Invena, Taylor Perron, James Bramante, Andrew Ashton, Tencate, SASe Construction, Planet, Vulcan, Allen Coral Atlas。

图 6-6　我们在马尔代夫设置的一个水下几何结构

注：该结构的目的是实现沙子的堆积。这个大型现场实验的范围是 20 米 × 4 米 × 2 米，可以产生一个延伸超过 30 米 × 20 米的沙粒堆积区，并在目标区域堆积了数百立方米的新沙粒。

资料来源：Self-Assembly Lab, MIT, Invena, Taylor Perron, James Bramante, Andrew Ashton, Tencate, SASe Construction, Planet, Vulcan, Allen Coral Atlas。

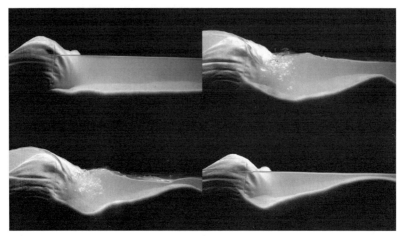

图 6-7　在实验室波浪槽中进行的一系列实验：研究几何形状、
积沙和波浪特征之间的关系

资料来源：Self-Assembly Lab, MIT, Invena, Taylor Perron, James Bramante,
Andrew Ashton, Tencate, SASe Construction, Planet, Vulcan, Allen Coral Atlas。

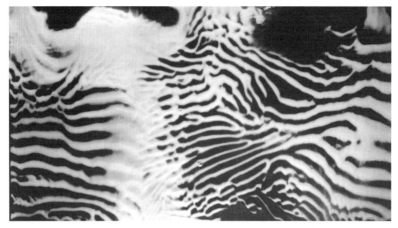

图 6-8　在实验室波浪槽中进行的一系列实验：研究沙子形态与波浪特征之间的关系

资料来源：Self-Assembly Lab, MIT, Invena, Taylor Perron, James Bramante,
Andrew Ashton, Tencate, SASe Construction, Planet, Vulcan, Allen Coral Atlas。

这项研究可能需要多年的时间来实现，从而积累成一定规模的沙洲或岛屿。现在，我们已经获得了前期的研发成果，仅仅几个月就积累了数百立方米的沙子。我们设想这个项目具有长期可能性的关键就是，作为一个系统，它可以帮助马尔代夫"种植"土地，潜在地克服海平面上升的影响，或重建世界各地因风暴泛滥而被迅速侵蚀的海滩。这些水下几何结构可以布置在世界各地的不同地区，可以根据当地的季节和波浪的力量变换其形态。我们最终希望这能够形成一个与环境合作的系统，为沿海地区实现恢复能力和适应能力提供一种可能的新方法。我们与材料和环境进行的多方面合作，似乎成为解决这一极其复杂且不断变化的问题的唯一方法。

采用这种方法，我们不会用外力强迫材料到位，也不会与环境的力量作斗争。我们没有预先确定设计的细节或系统的整个功能，而是通过协同工作，利用沙子和波浪力量来设计一个不是预先确定的解决方案。我们在告诉材料做什么的同时也在倾听。这样，令人惊讶的解决方案就会自动出现，比如复杂而美丽的沙纹，或者自然形成的天然沙洲和岛屿——这一结果可持续得多，而且功能强大得多。这是疏浚做不到的。可以说，我们使用的方法更像是培养或合作，而不是雕刻或建造。

最终，我们的愿景是实现一种新的复原力。在这种复原力中，破坏也可以是建造。想想肌肉——轻微撕裂可以促使它们变得更强壮。我们现在明白，自然发生的森林大火，随着时间的推移，只要不人为滥加干预，都可以促进一个更健康、更多样化的生态系统（当然，我们要保护环境）。在很多情况下，某种形式的破坏会促进其他力量、恢复力等的发展和重构。同样，对于沿海地区或岛屿，风暴潮往往带来大量的沙子，它们最终积累在海滩上，有时使海滩变得更大、更健康，同时也促进了植被的重新生长，从而巩固了岛屿存在的基础。我们的项目展示了如何有效利用这些力量的潜力。正如我们之前讨论过的，事物并不总是需要分解，破坏也可以是构建，如果我们以合作的态度来介入材料和环境的自然作用力，那么"破坏也可以是构建"就可以成为提高复原力的一种途径。我们不能执迷于惯有的自上而下的设计思维，不要再理所当然地认为人类仅靠自身就能解决自然世界中的所有复杂问题——我们需要与环境合作。

THINGS
FALL
TOGETHER

A Guide to the New Materials Revolution

07

自下而上地设计，
与材料合作

DESIGN FROM THE BOTTOM UP

在本书中，我讨论了材料如何计算、交流、决策、感知和驱动。这些活性材料可用于制造、建筑、机器人、服装和环境等领域，并带来新的应用形式。然而，随着材料的这些新功能的出现，以及随着我们对材料编程进行学习，我们需要了解如何使用材料和设计材料。有件事我们需要明确，即材料可以是机器人，或者说有一天我们可以让产品和环境实现自动转化。但是我们如何设计和创造这些东西呢？

始于材料，而不是设计本身

上一章我们探讨了如何利用自组装机制和材料特性来从头开始制造产品，甚至是制造环境。我认为，为了充分利用材料的潜力，我们也必须自下而上地设计，与材料合作。使用活性材料进行设计并不像使用静态材料那样容易。要想获得成功，需要采取一定的策略，也一定要有足够的耐心，自下而上的设计必然涉及设计过程的不断调整和设计师心态的调整，无论是对于建筑师、产品设计师还是工程师来说都是如此。传统的设计过程是自上而下的，这种设计方式通常导致产品或结构只有一种主要功能或寿命非常有限，最终大批量生产制造出的成品中只有部分是合格的，它们结束使用寿命后被回收，或者更多时候被直接扔掉。这一过程可以概括为：

设计—构建—发挥功能—处置

对于活性材料，上面这一设计过程必须改变，这样才能创造出更好的产品，而不是继续增加那些不断增长的、堆积如山的一次性产品和无生命产品。这个过程开始于材料，而不是传统的设计本身。我们将首先设计材料的构造模块，从而实现自下而上的设计。设计师将专注于材料的性能和结构，通过新的制造形式来增强材料性能，发展具有嵌入式材料性能的结构。这种增强将意味着我们可以把信息、传感能力和驱动能力内嵌到材料部件，并通过设计使这些功能恰当显现。这与基于工艺的传统设计过程类似。在传统设计过程中，木工或金属匠对材料的特性有着全面深入的认识和了解。但未来的设计远不止于此，我们会以非常规的方式来增强材料的性能和功能，即它们的自然能力，让材料和设计师同时参与设计。

设计仍然可以从一个应用程序和一个人开始，当然如果你愿意，可以将这个人称为"材料程序员"。但是材料将在整个生命周期中不断适应并改进。材料程序员可能触发设计过程，但是材料在其周围环境的作用下可以实现自我设计，不断演变，从而成为一个产品，并根据需要继续转化为其他产品或具有其他功能。在这种新的方法中，设计可以通过不断的探索和引导形成，而不是简单地只为实现某一目标。整个过程看起来像这样：

材料—组装—设计—适配

这种新的方法意味着设计需要与材料进行合作，设计和功能可以通过材料的增强性能和行为表现出来。这体现了形式与功能的关系可以随着时间的变化而不断发展：当一个开始适应和改变时，另一个也会改变，并以反馈循环的方式相互影响。如果我们专门针对材料进行设计，赋予它们功能，增添配置，就可以设计出具有多种功能的产品，其未来应用不可预见，同时，也可以减少最终设计的必要性。我们可以获得多个版本的形式和功能。

艺术界早就提供了一些自下而上设计的案例。诸如索尔·勒维特等观念艺术家、布莱恩·伊诺等环境音乐大师，以及凯西·瑞斯和本·弗莱等计算机和信息设计师，他们都对简单的规则和关系进行了扩展、迭代和变换，从而创作出绘画、涂色、雕塑或音乐等艺术作品，例子如图7-1所示。这类概念性创造和实物创造并不是始于对最终作品的愿景或一个绝妙的想法。更确切地说，最终作品是由一系列简单的规则集合起来而创造出的复杂作品。

近年来，随着计算机设计工具的快速发展，这种自下而上的理念在建筑、产品设计、平面设计和许多其他创意领域得到了迅猛发展。这些工具的目标是创建一组简单的规则，生成各种可能的设计结果。

图 7-1　利用图像转化函数创作的艺术作品

注：计算机代码的文本由执行代码时绘制的黑色线条连接。生成图像描绘了某一时刻代码运行的效果，颜色较深的黑色线条代表了最近的循环代码。

资料来源：Ben Fry and Casey Reas, 2005, Archival pigment print on Hahnemühle photo rag.

在这种情况下，设计生成工具就像一个协作设计师，与人类设计师一起工作，利用迭代及功能或形式的变化提出解决方案。简单来说，计算工具的目标是使设计过程更多地探索关于什么是可能的，那么"完美"的解决方案就可能会通过所有可能组合的迭代和变化而自行出现。但有时并不存在"完美"的解决方案，因为某些设计问题可能是多变量问题，这需要权衡所有给定的解决方案，而没有一个单一的解能满足所有可能的约束。如建筑、汽车或飞机中的一个零部件设计可能在成本、重量、结构性能或热性能等方面存在诸多限制，而这些限制又都是相互联系的。因此，对某方面来说"完美"的解决方案，对另一方面而言可能会成为糟糕的解决方案，故不太可能跨越许多竞争性约束做出"完美"的设计决策。在这种情况下，相比于人类设计师只想获得一个"完美"的设计决策，利用计算工具进行自下而上的合作，可以带来许多解决方案，并将设计过程演变成可以最大限度地跨越诸多约束。如果设计师必须手动一步步地探索所有可能的设计，那么他们所需的时间非常长，而且这个过程甚至是不可能完成的，所以在过去的几十年里，设计师一直在使用计算机的协作能力，来实现自下而上的设计解决方案。

最近，我们看到了越来越多利用生成对抗网络（GANs）来进行机器学习的应用。这些新设计利用已有的数据集合和相互竞争的神经网络，生成看似可信但完全虚构的图形，如逼真的人脸图像、建筑设计图、动物图、艺术画作、产品图、城市地图，甚至是三维模型图。很明显，这些强大的工具在与人类设计师协作的工具家族中出现的频率会越来越高，甚至会形成一种全程使用它来完成自主设计的流派。利用它们，我们可以创造出以前从未设想过的替代设计方案。这些设计方案可能是，也可能不是"完美的"，但它们肯定会令人兴奋且耳目一新，而不是像之前那样，设计纯粹依靠人类的冥思苦想。

纵观历史，像安东尼·高迪（Antoni Gaudi）或弗雷·奥托（Frei Otto）这样的建筑师都在与材料的合作中探索了自下而上的设计方法，通过物理的"寻找形式"（form-finding）的方法来获得优秀的设计解决方案。在他们的工作中，将表面张力或重力这样的力作用在像肥皂泡或悬挂链这样的材料上，从而创造出一种新颖、轻便、结构高效的形式。这样，自然的力量和它们对材料的影响可以形成一个设计生成器，并向人们展示新的形式和功能。类似地，查尔斯·达尔文的《物种起源》、达西·汤普森（D'Arcy Thompson）的《生长和形态》（*On Growth and Form*）和约翰·弗雷泽（John Frazer）的《进化的建筑》（*An Evolutionary Architecture*）都提出了"寻找形式"的新一代可能技术，这些技术不需要经过多代物种或多个世纪的缓慢迭代。我们现在可以通过环境中的动态力量来推动形式的进化，实时地改造简单的材料。因为我们可以设计和创造新的材料结构，可以编码新的材料行为，并展示其与环境作用力的关系。通过这种方式，活性材料设计的未来不仅增强了通过自然力量"发现"合成形式的可能性，也增强了不会自然发生的材料编程行为和能力。

从斯图加特大学计算设计研究所（Institute for Computational Design, ICD）的 阿奇姆·门杰斯（Achim Menges）及其团队的研究工作中，可以看出对当代"寻找形式"技术的应用。他们将薄木片按不同方向精确放置，从而充分利用木材受潮时的自然各向异性和起翘现象。木纹图案可以在不同方向上进行组合，当结构放到室外时，随着湿度发生变化，木材结构自身就会形成各种立体结构。这项技术也取得了最新进展，自组装实验室与产品设计师克里斯托夫·居伯朗以及 ICD

的团队通力合作开发了一种木质结构，创建了无法自然形成的定制木
纹印刷模式。当受到湿度影响时，这种木质结构会发生独特变化。例
如，我们创造了可以自己弯曲 90° 的木头，或者可以变形成木制碗
和篮子的平面图案，如图 7-2 所示。

图 7-2　3D 打印的木质结构与定制的纹理模式

注：环境湿度变大时，木头的纹理就会吸收水分，木头从而膨胀并弯曲。印刷独
特的几何图案使木头可以折叠成精确的角度或复杂的设计，如碗和篮子。

资料来源：Self-Assembly Lab, MIT, and Christophe Guberan。

在其他例子中，安德鲁·库德勒斯（Andrew Kudless）或马克·韦斯特（Mark West）关于织物混凝土和石膏结构的作品使用了简单的织物，可在框架上伸展，然后在注入浇铸材料之后固化成柔软的外形。最终的作品成型于石膏材料、重力以及织物拉伸和膨胀之间的相互作用。这些都是当代"寻找形式"技术的绝佳应用案例，利用简单的材料和环境的力量来形成复杂、精确和美丽的结构，这种结构是不可能通过传统机械制造过程或利用手工设计工具产生的。

Things Fall Together
新材料的未来

可以自动改变形状的链条

现在我们可以超越已知的形式，用不同来源的力量创造自己的材料组合，而不仅仅是利用现有的材料和单一的力量。例如，"寻找形式"的一个经典应用场景是将一条简单的链条悬挂在两点上，使其在重力作用下形成一条悬链。然后，将悬链翻转过来，可以创建一个有效的拱形结构。从悬挂到竖立，作用在简单材料系统上的力就激发出了新的高效设计。现在我们可以超越这个，创建一个带有程序关节的链条，可以编码设计一系列弯曲角度。例如，在自组装实验室的一个项目中，我们打印了一个链条，它拥有专门设计的接头。当链条受到振动时，它可以转变成螺旋形、正弦波形或几何立方体的形状，这取决于代码的内容和振动的力度，如图7-3所示。我们可以很容易地改变关节的模式，以不同的模式表达向上、向下、向左或向右转，因此在相同的随机振动下，可以得到完全不同的形状。我们还可以改变关节的设计，这样当振动的力度或频率不同时，链条就会呈现不同的形状。这个程序链只是由简单的打印部件组成，但通过精心设计连接处，编码设置不同的逻辑形式，可将新的行为类型嵌入像悬链这样简单的东西。通过在材料中嵌入程序，我们可以分别从微观和宏观层面利用材料塑造不同的结构，这些结构的行为方式通常是天然材料所不能做到的。

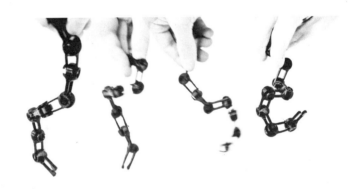

图 7-3　可随意改变关节模式的 3D 打印链条

资料来源：Skylar Tibbits, Neil Gershenfeld, Kenny Cheung, Max Lobovsky, Erik Demaine, Jonathan Bachrach, Jonathan Ward。

在材料中嵌入程序的做法，将引导我们使用一种完全不同的设计方法。为了更直观地理解这一点，可以想象：广场上有一堆砖块，正好旁边有一群人可以捡起它们并把它们拼在一起，但是没有人指示他们该做什么，那么他们会建造什么呢？

他们可能会采用几种不同的方法，这些方法可以根据现有的设计类型进行划分。其一，他们可能一起搭建一个四不像建筑，也就是每个人完全随意地按个人个性、技能水平及其他标准搭建。其二，大家推举出一个委员会，由委员会决定一起共同设计，最后可能会得到一个不那么混乱的结果。这种委员会式的设计只比第一种混乱式的设计好一点点，因为它倾向于采用一种平均效应，一种所有人都能认同的最低共同标准，它排除了那些过于奇怪的、令人惊讶的或有风险的想法。最好的想法和最坏的主意都有可能因为太极端而被抛弃。

另一种稍微不同的模式是，由一个"声音"最大或最具领导力的人来领导整个设计团队，其他人也跟着一起帮助设计——这就是最常见的天才设计师设计模式。天才设计师是那些能为各种应用提出解决方案的意志坚强的个人决策者。因此这种由天才设计师领导的设计可能比委员会式的决定更好，因为它思路明确、有能动性、方向性强且意图明确。他们敢冒险，提供出人意料的解决方案，而这些方案很可能会被上述委员会否决。但这种设计肯定不是最优的，它可能会忽略掉由那些安静一些或不那么强势的人提出的也许"更好"的解决方案。

正如我们所看到的，计算和生成设计非常强大，因为它可以生成许多内容非常丰富的设计。软件可以同时考虑多个变量和约束条件；强大的设计、模拟和优化工具允许我们进行数百万次的测试和分析迭代，并可以推动设计解决方案从计算和数字化角度不断实现复杂化。这种设计即优化的方案非常强大。除了功能特点以外，它还具有审美和创意，同时满足委员会和天才设计师的要求。然而，这些都基于一个前提：整个设计过程最终会选择一个设计方案，即得到功能最优的解决方案。优化设计的主要挑战是预测和模拟现实世界中可能面临的所有场景、作用力、约束条件或应用。例如，一个设计于 20 世纪 50 年代的建筑，可能在数年后被用于完全不同的用途；又如，飞机部件可以针对特定条件设计，但很难想象飞机所有可能的飞行或坠毁场景以及它们的航向和带来的受力。可见，基础设施可能是为一个目的而设计的，然而一段时间后，随着环境的变化其用途也发生变化；最初的设计在当时可能是最优的，但它终究受限于当时的知识或设想的功能标准而无法一直最优。这提醒我们，任何静态设计都不可能随着时间和环境的各种变化而真正达到最佳。

除了上面提到的所有设计方法之外，还有一种选择，即通过使用程序材料和活性材料创新性地设计，也就是适应式设计。这种方法结合了计算方法和材料的"寻找形式"过程，从而实现材料的适应。制造如今被认为是产品生命周期的开始，而不是结束。不同材料可以组合在一起，利用外部施加的力、内部变化或环境约束力来更新它们的动态设计，甚至在产品已经制造出来了以后也可以继续更新，就像空中自组织结构的持续设计和适应，或者像我们前面所讨论的马尔代夫沙地。在系统的整个生命周期中，设计和功能可以随时调整来适应新的需求。材料可以重新配置，以提供新的功能或新的美学可能性。这种方法提供了以材料为媒介的可能性，同时也可以实现设计的持续发展和更新变化。

让我们再想想广场上的那堆砖头。适应式设计意味着材料可以与人协作，进行动态调整，并根据外力不断适应。在这种设计中，已搭建部分会给出装载条件，因为每个砖块都堆叠在另一个砖块上。这可能会给广场上的建造者提供线索，让他们知道在哪里放置砖块可以创建一个精确的结构，或者根据砖块对结构力的反馈，移动一些砖块来获得更优的结构性能。根据其他独特的因素，如为适应阳光照射而设计的砖朝向，人们可以不断调整来形成更合理的结构，砖可以像指南针一样给装配机下达指令，引导人们将其放置在一个特定的方向上，并进行持续调整，帮助实现更精确或更好的设计决策。或者，在施工阶段，这些砖块可能并不会产生什么功能性的作用，人们可以按任何他们喜欢的建筑外形来堆砖块，之后砖块可以自行调整和重新配置，以适应建筑的结构、热性能和环境条件等。这就是一个自下而上的解决方案，材料和人在其中合作。这种设计比前面的混乱式设计要好得多，比天才设计师或委员会所能想象的设计要好，也比虽然计算上最优但死板的固有设计要好，因为这种自下而上的设计可以随着时间的推移而成长、进化和变化。

适应式设计，一个产品不是在一开始就进行设计

在适应式设计中，不是在一开始就进行产品的设计，而是在制造的过程中、在产品整个生命周期中一直在设计。以人的身体为例，身体并没有所谓的设计或制造的起点和终点。我们可能会争辩说，出生是一种设计制造形式，但身体会持续生长、自我修复、适应环境和衰退，并最终回到大自然。当环境改变我们的身体时，我们很难区分设计和适应。如果你迅速爬到高海拔的山顶，你可能会有高原反应或呼吸短促。但如果你住在那里，或者在那里待很长一段时间，你的身体就会适应那里的环境。你可以把这看作一个简单的反应，但它也可以说是一种新的设计发展方向，具有强大的能力——我们的身体可以根据周围的环境来适应和改变。今天的大多数材料产品无法做到这一

点，但它们应该是能做到的。也就是说，如果我们学会与材料进行有效的合作，它们就能做到。

适应式设计会给产品寿命以及人类与产品的关系带来深远的影响。其中影响之一便是，它将改变自然世界中材料是何时使用以及如何使用的。在一个产品经过设计和制造、最终诞生的那一刻，或者当一栋建筑迎来它的第一批居住者时，对任何设计师来说，这都是一个巨大的信念飞跃。在这一刻，使用也好，滥用也罢，产品今后的命运似乎就此确定且无法更改。然而，当我们可以实现对材料进行编程，并改变我们未来材料结构的"基因组成"时，我们能够不断重写这一转化时刻。

这有点类似于软件开发的最新趋势，也就是尽早部署产品，获取反馈，调整其功能，并不断更新。这种方法通常不太适合硬件开发，因为在生产和使用硬件之后，再想对其进行调整要困难得多、昂贵得多、耗时得多。对于飞机、基础生活设施或医疗设备等应用来说，这一点至关重要，因为在这些应用中，一旦某个硬件失效，使用者就会面临生命危险。在这些领域工作的设计师通常会按以下流程进行发明设计：

提出设计、模拟、制造原型、测试、再测试、进一步测试、实现小范围运行、分析、再次测试，直到确定成功。

这个过程极大地延长了任何新技术设计、开发和实现的前置时间。

在上市后能在使用中适应和调整的产品，可能会在使用中加速这一过程。活性材料可以随着时间改进，或是针对不可预见的情况进行调整，以此来更快地生成产品。这也可能意味着我们可以用更少的材料或组件来做更多的事情，而且它们能适应不断变化的周围环境或未来的需求，而不是试图针对每一种设想的情况进行设计。材料并不需要实现所有功能，事实上，它们可能一次只能实现一种功能。但我们希望它们能够从一种功能切换到另一种功能，并且在任何给定的时间都能将它们当下设定的功能完美地展现。如今的大多数材料甚至"一生"只能实现一种功能。不过，从其他方面来说，如今的一些材料也可以用作他途，只是其中很多都表现得很糟糕。

因此，我们应该更多地考虑适应式系统。我们希望产品能做到最好。多功能并不意味着我们需要把多种产品放在一起同时使用。产品服役的这个过程应该是精简和灵活的，可以快速适应，实现从一个状态无缝变化到另一个状态，甚至其展现的功能可以是一以贯之的。例如，一座桥梁，它的作用可以一直是实现将车辆从 *A* 点送到 *B* 点，但它可以根据不同时间段内通行车辆的数量，或者根据一天中不同的时间和天气的变化，以微妙的方式进行调整，从而持续结构的优化。

正如我们在前一章所探讨的，为了满足这些可变条件进行设计的唯一方法是放弃一些对它们的控制。今天的实体产品是把许多材料和设备组合在一起来制造的。很难想象一个人造系统可以实现"1+1>2"的效果。如果从一台机器上拆掉一些零部件，它通常会失灵；如果添加一些零部件，机器可能会获得新的功能。今天，即使是飞机、建筑或航天飞机，它们能实现的功能也只是各部分的功能之和。然而，自下而上的体系所能实现的功能往往远超各部分功能的简单相加。例如，大脑的功能远超单个神经元的能力。如果一个大脑像水坝一样老化，或者即使一个重要的部分被移除，大脑通常可以适应并继续正常运作。复杂的系统会随着时间的推移而改变自身的设计：它们的材料就是它们的设计和性能，而且这种设计和性能还会一直变化。

综上所述，自下而上的设计方法不仅表现了我们对设计方式的颠覆，也表现了我们与材料建立合作关系的哲学思维的变化。我们不能自上而下地将我们的意志强加于材料，而必须与材料合作，培养它们的能动性。要认识到材料是可以有自己的智慧的，我们可以利用这种智慧来设计更好的产品和环境。

我们可以在其他领域看到类似的演变。举例来说，如果我们回顾合成生物学的发展，就会看到一路发展的自然进化与突变、育种、基因工程、合成生物学和生物电路的可编程性，直到最新的基因编辑技术（CRISPR），该技术正迅速演变为利用合成生物学进行机器学习的技术。在基因编辑技术中，DNA 是可编程的构建模块，允许自然进化或合成进化，形成具有可编程性的生物功能结构。我们现在可以通过设计、编辑和处理材料性能的方式来实现新的材料行为，而不是通过过去几十年里那种原始的育种形式，只局限于实现自然发生的生物功能。这可能听起来很可怕，但这是自地球上有生命以来，通过进化自然发生的。这一发展将变得越来越重要且强大，从而出现了一类新的药物，这类药物可以利用专门定制的基因疗法来治疗遗传疾病。与此类似，对于可编程材料，我们不仅可以利用其现有的材料属性和它们对环境的自然反应，比如"寻找形状"，而且还可以重新编程创造完全不同的材料属性——这将赋予材料独特的行为，而这在以前是不可能发生的。

所有这些技术发展的历史进程都类似于我们在材料编程中看到的发展，其中设计师这一角色的作用也在不断变化，就像医生角色的演变、科学家开发新药物、电脑编程人员和人工智能的出现等。设计师、工程师和制造商与材料之间有着长期、复杂且不断发展的关系，从材料行为的偶然发现，到材料工艺的磨炼，一直到进行规模化定制对象的精确数字化制造。材料所携带的信息正日益丰富，它们可以针对特定行为进行调整，创造更多的功能。这种与材料合作的关系使人类已经从材料的培养者和管理者演变为材料信息的制定者，甚至转变为材料的编程者——人类对材料创建指导方针、建立边界并控制其生长方向。

也许更像为人父母应进行教育而不是发号施令，用材料设计如今意味着以有用的、健康的、信息丰富的方式促进材料的"生长"和"发展"。"材料设计师"不可能每时每刻都完全控制材料的行为，但他们可以设定指导方针，建立界限，并与材料合作，从而创造出独特的产品。这种独特性有些是内在的，有些则体现在外部。对材料设计师来说，好消息是他们相比于前辈们有一个明显优势，那就是他们可以轻易地改变材料的遗传密码。他们可以阅读它，改变它，适应它，并在没有重大风险的情况下再次尝试。这才是设计师在创造可编程材料时的真正角色——创造初始代码并对外部因素施以影响以促进材料进化。就像孩子的成长、变化和不断适应环境一样，无论是在形式上还是功能上，我们未来的产品也将随着时间的推移而演变。

THINGS
FALL
TOGETHER

A Guide to the New Materials Revolution

08

逆转，再利用，
再循环

REVERSE, REUSE, RECYCLE

电子产品充斥于我们周遭，正在加剧我们目前迫在眉睫的全球垃圾危机。电子产品的寿命越来越短，这导致了一个无休止的浪费循环，即我们每隔几年就会购买使用新材料制作的新版本电子产品，丢弃那些不再是最新的产品。我们不再关注电子产品的硬件升级，如具有更大的内存、更长的续航时间，变成更好或更有用的产品。即使我们花时间安装最新版本的软件，我们的电子设备还是会变慢或崩溃。普通大众可能不知道的是，有些电子产品会被故意设计成：系统运行随着时间推移而变慢，因为这样大家才会不停购买最新版本。

不仅仅是消费电子产品，儿童玩具、鞋类、时装、家具和许多其他行业都建立在一次性消费、不断推陈出新和不断购买的商业模式上。这些行业生产的产品通常使用寿命较短且难以降解，这严重影响了回收的可行性。**我们是时候创建更加可持续的场景了。在这种场景中，材料可被编程，从而产品可被逆转、再利用、改变或具备新的功能。当它们停止工作或不再被需要时，就可以分解并转化为其他物体。

谷歌、LG 和其他公司在这方面率先迈出了一步，他们在 2017 年推出了"模块化手机"的概念。简单来说，模块化手机就是，可以像搭乐高一样添加或删除拥有核心功能的部件来构造"手机"。这将实现手机的可定制化和可维修性。消费者可以通过添加新功能、增加摄像头、提高电池容量等操作来构建和定制自己独一无二的手机。如果屏幕出现裂痕，模块化手机就可以通过更换该零件来轻松更新。为了实现这一想法，他们还需要重新思考围绕手机的商业模式，这可能是这些概念尚未普及的部分原因。传统观念认为，手机坏了对企业有利，因为消费者会买一部新手机；然而，企业需要努力应对额外浪费所造成的影响。

通过模块化和可升级功能来实现增加产品寿命的愿景非常简单而有效，这几乎是显而易见的，但只有这样的愿景是不够的。对科技公司来说，发明一种易于维修的新设备是一回事；但对我们普通用户来说，产品能够自我修复，或者至少能够被拆解并重新组装成其他全新的事物，则是另一回事。

这种可回收性的愿景取决于几个关键的概念：定制化、模块化、自我修复、可拆卸和生长。定制化制造产品是只在需要的时候生产必要的产品，而不是规模化生产典型的标准化一次性产品，这可以让我们直接地减少浪费，这将实现待使用库存数量的最小化，并减少不必要的生产。我们还可以通过创建本地化和定制化制造，来减少运输、物流、包装以及将产品送到客户手上所需的资源消耗。我们可能无法在家里生产自己需要的所有东西，尽管这是数字化制造想要实现的梦想之一，但我们肯定可以根据需求在当地生产，并根据当地条件进行定制生产。想象一下，放在拖车上的制造设施可在全国移动，这可以有效减少或限制原材料库存和所需的基础设施，而且可以实现定制化生产。许多公司现在已经开始这样做，如美国户外品牌巴塔哥尼亚（Patagonia）的旧衣修补回收计划"Worn Wear"，在全美修复人们损坏的衣服。可移动的制造和维修系统可以实现本地创造，并具有可重用性，使产品可以被再设计、再构建，并使产品分解和重新配置成具有其他功能的物体。

定制化，重新定义设计和制造

由于数字化制造前景广阔，产品的定制化设计将是未来的发展趋势。定制化设计不仅仅是定制外观和触感，正如前文所讨论的一样，我们也可以定制材料的性能和功能。重新考虑产品材料性能的一种简单方法就是减少材料的使用量，就汽车或航空行业所需零部件而言，这反过来也可以减轻汽车或飞机的重量，提高其性能。然而，我们也可以使用活性材料来制作产品，用更少的材料完成更多的功能。我们也可以设计出更智能的结构，设计出能够适应、变形和自我修复的结构，这样产品就能够随着时间的推移变得更强大、更有用。这种类型的智能产品将极大地改变我们的思维方式——它将改变我们对性能和一次性产品的心理依赖及惯性思维。

先进的制造工艺不仅可以定制产品的设计，还可以定制产品的材料和性能，这有助于减少浪费。当今大多数的制造过程都是机械化的，无法及时有效地解决生产过程中产生的故障，它们当然也无法判断一个零件在最终实际使用时是否会过于脆弱。目前正在开发的新型制造工艺能够通过实时理解成功、失败和功能标准来不断调整。当它发现一个错误时，会停下来并进行调整。该工艺可以通过调整材料或工艺参数来制造出更好的零件，降低零件失效概率。例如，打印机可以动态地改变沉积材料的混合比例，以调整硬度、提高透明度或增加材料与基板的黏合强度。MIT 的沃伊切赫·马图斯克（Wojciech Matusik）带领的计算机科学与人工智能实验室（Computational Fabrication Group）和其子公司——3D 打印公司 Inkbit 已经开发出一种多材料打印机。该打印机可利用计算机视觉和机器学习来创建反馈回路，检测错误并实时改进打印过程。这项技术整合了制造和质量控制功能，使打印机成为一个超级人工机器。

理想的情况是，有一种可以完全逆转产品的机器，像真空吸尘器一样把不尽如人意的产品吸回来，然后一次又一次地修改，直到它达到要求，或者比想要的更好。为了实现这一愿景，我们在 2017 年与产品设计师克里斯托夫·居伯朗和家具公司 Steelcase 合作开发了一种名为"快速液体打印"（RLP）的技术。作为一种新的打印方法，它可以促进快速设计、生产，甚至最终实现可逆生产。这一技术的开发最初是为了解决与 3D 打印机相关的三个主要限制，也就是打印速度、打印尺寸和最终产品质量。如今的 3D 打印机速度慢、体积小，与传统工业制造相比，所能使用的材料有限。如图 8-1 所示，RLP是在凝胶悬浮液中进行打印的工艺，利用各种工业液体材料，就能在数秒至数分钟内制造出大型物体。打印材料被挤压沉积到凝胶中，凝胶本身起支撑和固定作用；然后用化学固化或紫外光固化方法，使材

料固化成型；再将其从凝胶中取出。通过消除重力，RLP 可以在 3D
空间中自由打印各种形状，而不用像传统的 3D 打印过程那样创建一
系列堆叠的 2D 层。RLP 技术更像是 3D 书法，它以 3D 方式绘制对象，
而不像传统 3D 打印那样，需要额外的材料来支持所打印的 3D 结构，
因为凝胶可将对象固定在空间中。

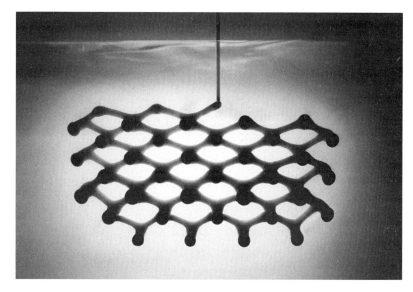

图 8-1　快速液体打印

注：这是一种在凝胶支持的环境中快速成型的新方法，能够快速、大规模地生产
高质量的橡胶、泡沫和塑料制品。凝胶为打印对象提供了支撑，并实现了在任何方向
上创建对象的完全三维工具路径。

资料来源：Self-Assembly Lab, MIT, Christophe Guberan, and Steelcase。

此外，在这个过程中，你不需要在挤压材料后等待其固化。与此
相比，其他形式的 3D 打印，如熔丝沉积成形（FDM）或陶瓷膏体光
固化成形（SLA），在打印路径的每一步中，都需要等待上一步打印

的材料完全固化，否则该步骤无法顺利进行，甚至得到一堆完全看不出形状的"烂泥"。显然，这些固化时间大大降低了传统 3D 打印机的打印速度。而喷出液体材料的机器运行多么快，我们的 RLP 系统就能运行多么快，液体材料在沉积的同时就固化。如果这一过程中发生错误，或者设计者想要改变已打印的部分，任何未固化的材料都可以抽回，并存放到其他地方，再接着正常进行打印即可。打印的材料固化后，我们只需把它们从凝胶中拿出来，用水冲洗，就可以使用了。医疗设备、矫正器、鞋子、灯，或我们生活中的其他物品，都可以通过 RLP 在几十分钟内打印出来。这是一种优雅的多材料打印工艺，适用于许多不同产品的制造。

RLP 工艺使用的是标准工业材料，如泡沫、硬质塑料、橡胶。我们甚至还用混凝土做过实验。可使用的工业材料越多，RLP 投入工业生产则越是指日可待，因为传统的 3D 打印机一直受材料质量的限制。我们最近打印了可充气的结构，以测试硅橡胶材料和高分辨率表面的极限。可充气结构类似于气球和软体机器人，但我们可以打印各种复杂的几何形状和内部腔室。我们使用了一种非常柔韧和可拉伸的硅橡胶，并打印了密封和防水的 3D 结构。这些可充气结构理论上可以是任何形状，而且有多种多样的内部或外部几何结构。一旦将其打印出来并从凝胶中取出，它就可以充气，硅胶就可以膨胀成一个可变形的软体机器人。

这种打印过程可以让我们创建可充气的软体机器人结构。从传统意义上来说，生产软体机器人结构需要用硅橡胶进行手工模具铸造或用层压板反复试验复杂的设计。迄今为止，这些制造技术的复杂性和耗时性限制了软体机器人的行为和能力。与传统的铸造或层压工艺相比，RLP 工艺更容易生产更大、更复杂的结构。我们已经探索了许多 RLP 应用，比如可以根据身体变形的适应性缓冲装置，或者一个在桌子上行走的移动机器人，所有这些都不需要任何传统的机电设备。这种制造技术可以帮助可充气的多材料软体机器人加速发展，并为活性产品开创更多应用领域。

Things Fall Together

新材料的未来

打印金属

除了在凝胶环境下打印硅树脂之外，最近我们还开发了一种打印金属的方法。目前，已有研究人员，比如北卡罗来纳州立大学（North Carolina State University）的迈克尔·迪基（Michael Dickey），直接打印出具有广阔应用前景的低温液态金属。不过，我们的工艺主要是在粉末支撑床内实现对高温熔融金属的三维挤压成形，以消除重力的影响，如图 8-2 所示。这一工艺也同样利用了类似凝胶支撑的优点，我们不需要打印支撑或后处理，因此，可以打印非常大的结构。此外，这一工艺比 RLP 技术中的化学固化过程更快，因为熔融金属可以在几秒钟内冷却。这意味着我们可以在几分钟内打印出从几厘米到几米长的金属物体，如图 8-3 所示。不过，这一工艺最引人注目的方面是可逆性。我们可以快速生产出一种金属组件，之后如果不再需要的话，我们可以直接将其熔化，再打印出其他东西，不会有任何浪费。

图 8-2　液态金属打印

注：这种打印技术是在粉末支撑床内打印液态金属的新工艺，可快速大规模生产高质量的金属物体。喷嘴在三维路径中移动，挤压粉末内的熔融金属。这一过程可以完全回收利用熔化的部分，并在粉末支撑床内重新打印。

资料来源：Self-Assembly Lab, MIT, and AWTC。

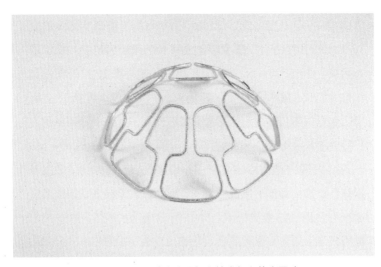

图 8-3　利用液态金属打印技术打印的金属碗

资料来源：Self-Assembly Lab, MIT, and AWTC。

这个过程可以重复发生，从而创造出一种无废物的金属生产过程。

这些新的制造工艺与传统的制造形式不同，而且与新兴的增材制造技术相比也有很大的不同。通过这些方法，我们可以创建具有高质量材料性能和多材料功能的定制化产品，如4D打印产品或充气软体机器人，同时还可以逆转和撤销任何不想要的设计。我们甚至可以反复制造和拆卸物品，从而创造一个完全可回收的制造流程。在不久的将来，定制化和可逆性或许会成为重新定义设计和制造的可持续发展的关键因素。

模块化，像乐高一样的功能性活性材料

大多数产品是由多种材料和功能部件组成。我们可以想象一个产品，它由不同组件组合而成，只能实现一种功能，然后，我们将它分解成不同的组成部分，再将这些部分重新构造成具有完全不同功能的其他产品。以我们前面讨论过的手机为例，它由电池、微处理器、屏幕、按钮、麦克风和扬声器等功能单元组成。这些单元可以成为许多其他电子产品的关键部件。我们可以分解这些产品，不用分解到化学成分层面，因为这可能会限制它们的可逆性，但可以分解到基本功能单元的宏观层面，这样它们就可以被再次访问、存储，被再利用和重组，从而产生无限的可能性。这是模块化的最基本形式。

在机器人领域，模块化组件和自重构机器人在可回收性方面有着类似的优势。基于一些功能构建模块，自重构机器人可以被组装、拆卸，并内置到新的功能设备中，而且它们可以被无限重复使用。可见，模块化可以实现分布式设计。这样一来，在团队工作模式中，可将任务分解为特定的功能模块，还可以为世界各地的团队或孩子们提供一个平台，让他们建造自己的定制机器人，并可以确保机器人具有很长的寿命，而不是一个一次性的专业机器人——价格昂贵、控制复杂，并且只能执行特定的任务。是不是和乐高一样，真的没有任何浪费？一个家庭可能会买一套带有特定主题的乐高玩具，但当它变成目标形态之后，可以立马将其拆开，重新拼搭成其他形态。这是乐高的一个美妙且可持续的优势，它们可以被拼成任何东西，可以被使用很多年，甚至几代人都可以使用。但从另一个角度来看，这也是人们讨厌它的原因之一：乐高似乎永远不会消失，总是待在那里等着人来拼搭！

森林中没有废物，这一说法耳熟能详。森林以及几乎所有的生物体和化学结构都是有效的模块化和可重构的结构。所有的生物最终都被分解成它们的自然元素，并重新组合成其他生物。因此，如果我们能把人造部件分解成功能性的建筑模块，我们也许就能不断地组装和拆卸，从而完全消除垃圾。功能性活性材料可能意味着未来我们可将这种功能直接设计到我们的产品中。

自我修复，让材料像皮肤一样具备自愈能力

我们可以把目标放在设计能够自我修复的部件上，而不是寻找更

简单的方法来更换部件，或者探索新的人工修理方法。这类产品可以结合材料的自愈能力——想象一下皮肤上的划痕，皮肤会适应损伤并修复受损区域。许多研究人员正在研究探索具有自我修复功能的复合材料，如混凝土、塑料、水凝胶、橡胶等，这些材料可以很快融入日常产品中。对于混凝土，研究人员已经开发了许多方法来实现自愈合特性，从产生碳酸钙的微生物到填充任何结构裂缝的聚合物。从化学角度来说，自愈性聚合物的发展主要基于分子特性。分子具有在特定条件下断裂并重新结合的能力，本质上是把自己粘在一起，就像没有裂开一样。还有研究人员开发了一种聚合物材料，可以自我愈合，甚至可以通过吸收空气中的二氧化碳和阳光中的能量来生长，就像植物的光合作用一样。所有这些自我修复材料都可以在某种活化能，如压力、温度、光或其他能量作用下形成，因此，它们可用来制作自我修复防弹衣、道路和建筑用混凝土，甚至是飞机或火箭的外壳。

随着这些材料的进一步发展：

- 也许我们不再需要处理手机屏幕的裂痕，因为我们的手机屏能够自我修复；
- 桥梁可以根据荷载调整其结构；
- 甚至混凝土和钢都可以在经过地震受损后进行自我修复。

想想美国数百万英里由沥青和混凝土铺就的公路，由于温度和空气中水含量的不断变化，这些公路会膨胀和收缩，从而产生裂缝，需要持续的维护。在不久的将来，也许这种基础设施可以自行修复。

这种自我修复能力可以通过构建"双层结构"来实现。当外层被刺穿时，内层被激活，并将扩展或释放新的材料来填补空隙。想象一个两层的管道。当外层被戳破时，内层就会暴露出来，与空气接触，可能发生化学反应，产生泡沫或使黏合剂膨胀并填补这个洞。如此一来，未来的基础设施就不会受到石油泄漏、天然气泄漏或大规模洪水暴发的严重影响，而是会自我修复，从而打造出一个更安全、防御体系更有弹性的城市。

自拆卸，通过温度、湿度或压力让它实现自分解

有了自组装就有了自拆卸。如果我们知道一个结构是如何组合的，那么我们就应该知道它在特定的条件下会如何分解。我们可以创造在振动或旋转条件下可进行自组装的设备，然后通过控制温度、湿度或压力来实现自拆卸。这样，我们就可以将拆卸所需的输入能量设计得远远超出典型运行环境所拥有的能量。换句话说，我们可以设定，在超过人类可承受范围的极高或极低温度的极端情况下激活自拆卸。通过这种方式，我们可以将组装和拆卸的功能分开，从而能够根据需要激活一组材料进行自组装，使其成为一种产品，或将产品自拆卸成基础单元。

约瑟夫·基奥多（Joseph Chiodo）博士开展的一项研究就着眼于日常产品的自拆卸。该团队开发了一个简单的螺栓，可在典型的产品组装中将组件连在一起。但当加热时，螺栓的螺纹就会消失，连接断开，这些部件就很容易从螺栓上滑下来，整个组装就分解成许多独立的部件。这一特性可以应用于当今许多依赖独特材料和组件的产品，这些产品涉及复杂的连接技术，从机械连接到化学连接。可以说，产

品所用材料的多样性使得将其拆开、回收、再利用的过程变得极其复杂。自拆卸可以解决这个问题。

另一种拆卸方法是分解，材料可以根据需要自行分解。如前所述，菲奥伦佐·奥梅内托的丝绸实验室所开发的产品就可以很容易地溶解在溶剂中，在需要时，连物理光学设备或电路都可以溶解在无功能的液体中。类似地，约翰·罗杰斯（John Rogers）和其他研究人员开创了"瞬态电子学"（transient electronics）研究领域，并推出了"生而为死"（Born to Die）的设备。MIT 的丹妮拉·鲁斯研究小组开发了一种小型机器人系统，如图 8-4 所示。它可以自我组装、变形然后分解，并执行许多其他任务；它还可以在溶剂中迅速分解，几乎不会有任何浪费。这项可溶解性研究的主要目标是制造电子设备、环境传感器或医疗设备，这些设备可以植入体内，然后在完成任务或不再需要时溶解，如像伤口愈合后会自行溶解的缝线。这些设备可以设计成具有复杂的可适应性功能，然后通过编程来溶解。

图 8-4 一个小型的材料机器人

注：这个机器人可以行走、游泳，甚至可以自行分解，实现回收利用。

资料来源：Photo by Christine Daniloff, MIT. Project by Shuhei Miyashita, Steven Guitron, Marvin Ludersdorfer, Cynthia Sung, Daniela Rus。

实现建筑领域的分解也是可能的，正如我们前面讨论过的利用岩石和绳索的颗粒堵塞效应来实现分解一样。其他研究人员的相关工作，如芝加哥大学的海因里希·耶格（Heinrich Jaeger）、阿奇姆·门杰斯和卡罗拉·迪里希（Karola Dierich）的集料建造技术（aggregate construction technology）已经展示：建筑尺度的结构可以通过简单材料的颗粒堵塞效应实现快速建造和拆除。从建筑的角度来看，这种由简单材料通过颗粒堵塞效应实现的结构系统的优点众多，如它们几乎是瞬间就建好的，具有承重能力，而且不需要精确放置组件，其中，构建材料可以像液体一样倾倒。此外，这种结构也可以很容易地分解成一堆原材料，然后一次又一次地重建。如图 8-5 所示，原材料就像流沙一样，由岩石堆积起来的 4 米高塔形建筑，可以快速分解成松散的岩石和绳索，然后可将这些原材料再搭建成大型承重结构，再分解……

图 8-5　利用颗粒堵塞效应快速建造和拆除 4 米高的岩石塔

资料来源：Gramazio Kohler Research, ETH Zurich, and Self-Assembly Lab, MIT。

有些人可能会问，为什么我们要设计一个可以很容易地分解或拆卸的建筑结构，那不会有风险吗？当然，我们不希望建筑或基础设施意外崩溃，也不希望它们轻轻一碰就倒塌。但是，我们也不想总是建造一个永久定型的建筑。如果这个建筑可以在几十年甚至几个世纪内，在许多不同的情况下使用，具有许多不同的功能，那么永久性定型非常适合。但是，对那些失去功能或价值的建筑，或者可以快速构建、也可以快速移除或更改的场景，永久性定型就十分浪费资源，此时分解技术就显得十分重要。想想灾后的重建场景，或者为某一事件而建的临时建筑、季节性建筑，甚至是可以使用多年但之后可以很容易地回收的建筑，并且其材料可在下一个建筑中使用的情况……所有这些例子都非常适合可自拆卸的可逆材料系统，无论是可溶解的材料还是可从固体变为液体并可逆的阻塞结构。

通过观察所有零部件间的关系、几何形状和彼此之间的物理相互作用力，我们会了解哪种活化能可以将它们结合在一起，或将它们分开。从纯粹的化学过程来看，这种方法将改变我们对可回收性的看法，即目前材料的回收再生次数是有限的，如塑料或纸。我们可以创造新的方法来分离零部件和分解产品。想象一下，如果所有的产品都要求是可逆的，而它们都在一条双行道上运行，那么只要扳动一个开关，制造商就可以立即将他们的产品分解成各个基本组成部件，这些基本组成部件进而自行重新组装成其他产品，并在需要时自行拆卸。这将对未来的可持续性产生重大的影响。

生长，制造更智能材料的逻辑延续

活性材料可能会引导我们走向一个更加可持续的未来，最后一种方法就是通过它们的适应力和生长力。例如，脚上的鞋子可以在你最需要时增加舒适度和支撑力，在潮湿的条件下轮胎的牵引力变得更强，在极端负载条件下建筑物或桥梁变得更坚固……从理论上来说，发挥材料的适应力，这些场景都是可能实现的，尽管还需要时间来充分发展相关技术。

能够适应并以这种方式生长的产品可以通过减少消费量、减少我们快速替换商品的购物冲动，从而变相地帮助我们减少浪费。我们的材料不仅可以变形或组装，还可以生长并适应不断变化的需求。生长是制造更智能材料的逻辑延续，允许事物随着时间的推移而生长和变化，它不仅可以支持实现可逆性，而且也是实现可回收性的替代方法。我们经常在旧建筑中看到这一特点，这些建筑被改造和重复使用，以实现多种不同的功能。在很多方面，这表明它们有能力与租户一起生长。我们在人类以及任何身体尺寸、心智能力和技术技能上均可以生长的生命系统中都看到这一点。这种特性是否也适用于我们周围的物理产品和建筑环境？我们的材料能否帮助促进这种类型的更新和改进，以取代我们的一次性产品，甚至那根深蒂固的一次性文化？

最近，我们看到产品设计和建筑中使用了越来越多的材料。戴维·本杰明（David Benjamin）在纽约现代艺术博物馆 PS1 夏季分馆的装置作品就是用菌丝体生长出的砖块建造的，菌丝体也就是蘑菇的根结构。类似地，像 Ecovative 这样的公司正在研发一系列以蘑菇为基础的产品，从类似纺织品的应用到建筑材料、灯具，甚至包装。利用菌丝体生长来包装的技术现已被广泛应用到很多行业。这一包装方式旨在取代对如聚苯乙烯泡沫塑料等一次性包装材料的使用，从而避免了大量废弃物的产生。为了制造如蘑菇般可生长的产品，他们创造了一个具有目标产品形状的模具，并为菌丝设置合适的条件，之后静置，看着它们生长。无论是增加材料实现替代还是实质上的减少材料，这都对我们的传统制造工艺提出了挑战。它更符合现在提倡的"环境友好型"理念，能促使材料生长，使产品成形、具备相应的功能，对环境更友好。就菌丝体而言，这种材料甚至可以进行生物降解或制成堆肥。这可能是通过促进自然材料生长来实现"从摇篮到摇篮"的制造方式的最直接应用。

生物制造材料可以为食品、时装等消费者喜爱的产品提供另一种选择，而且不会对环境造成有害影响。最近，我们看到引入实验室培育的肉类和非动物皮革，这给传统的肉类和时尚行业发展提出了挑战。苏珊娜·李（Suzanne Lee）的早期作品是用植物纤维生长成的服装（见图 8-6），她称之为"生物制造"（biocouture），这似乎是未来的"生活工厂"（living factories）的制造模式，即用植物纤维生长取代工业制造。这些技术虽然刚刚起步，但在合成生物学和材料科学发展的带动下正快速发展，可以利用材料生长将这些原理转化为功能性物体。此外，虽然在产品价格、产量和性能方面，这类生物制造与工业制造的竞争还有很长的路要走，也面临着巨大的挑战，但这些例子展示了向这种下一代生物材料产品迈进的早期路径。通过这项工作，生长可以被视为一种新的制造技术，也可被视为一次性产品的替代品制造手段。这些未来的材料产品中有许多是可以种植的，可以进行堆肥或分解，并减少最终进入垃圾填埋场的废物。

图 8-6　一种用植物纤维制成的牛仔夹克

资料来源：Biocouture Denim Jacket 2006, © Biofabricate 2020。

　　这些产品发挥作用主要是集中在产品生命周期的开始和结束阶段，也就是我们制造和分解产品的阶段。然而，通过利用活性材料和新的制造方法，我们可以促进材料在被生产出来后继续生长和变化，就像前面讨论的那样。MIT 里由内里·奥克斯曼（Neri Oxman）领导的媒体实验室"介导物质组"（Mediated Matter Group）开发了一系列蚕馆，这些蚕馆实际上是由蚕自己制造的。他们把成千上万只蚕放在一个巨大的三维支架上，然后让蚕吐丝，在支架周围共同编织出一层层丝。这些蚕吐丝可以被看作一种协同建设，同时也促进了环境的可持续性，提高了其适应性。此外，还有许多其他生物也会造窝，如织布鸟、海狸、蚂蚁和蜘蛛。受此启发，设计师们不仅可以利用材料的生长性能与之合作，还可与这些动物中的建造者们合作，充分利用它们造窝的能力来不断调整我们所需的结构。这些在不久的将来可能会成为现实。到那时，产品是在实验室或花园里生长的，而不是在工厂里制造的；产品可以不断地转换、生长、修复，并在不被需要时最终彻底回归大自然。

THINGS
FALL
TOGETHER

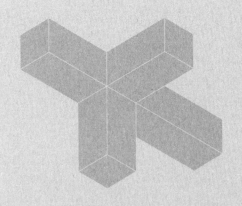

A Guide to
the New
Materials
Revolution

09

材料的未来正在演变

THE FUTURE OF MATTER IS EVOLVING

在本书中，我概述了对材料进行思考的新角度，包括如何与材料自身性能进行互动，如何利用编程来改变人类的创作模式，以及产品的性能及其与环境的关系在未来将如何演变。我还描述了与材料合作如何为人类自己创造了机会。一旦我们开始理解材料性能，了解其实现功能的新方式，就可以看到设计、制造和环境生命周期上的新变化。

我还举例说明了软件和硬件革命，这些都带来了材料革命，将个体制造商和工业化生产者转变为材料黑客和物质程序员。材料科学、计算机科学、人工智能和合成生物学等学科正在迅速交叉融合。这带来了前所未有的新材料特性，能够产生同时具有可编程性和高度活跃性能的材料。

我相信，鉴于我在书中所描述的新思想和材料自身的根本性进步，我们作为人类所设计和创造的几乎所有东西以及我们所生活于其中的自然环境，都可能在未来几十年发生巨大变化。我们使用的产品将变得非常活跃，适应力强，可以进行自我组装，响应周围环境的变化，并逐步进化以满足我们的需求。我们可以重塑产品的生命周期，以独特的方式设计材料，并与之合作，将注意力从产品的静态性能和环境上转移到其高度活跃且拟人化的行为上。我们的制造工具和制造工艺将随着数字化制造平台的兴起，以及材料拥有自我生长和自我组装的新能力而发生变化。运输和物流可能会随着分布式能力的增强和包装的扁平化而改变，然后开始扩展和适应。目前，这随处可见的一次性的简单可回收系统，将发展为一个可定制化、模块化、自我修复、自拆卸和生长的系统。

今后，在我们的日常生活中，人工制造和自然制造之间的传统区别，也就是人造建筑等基础设施与自然景观之间的区别，可能会消失，有时两种制造甚至会共同合作而创造出完美的作品。也就是说，这两者之间并不需要发生冲突，它们可以一起合作，一起进化。我们的自然景观仍将继续随天气、季节和潮汐等自然力量不断变化，但我们也可以学会与这些变化合作，将之用于改善环境，而不是一味地看着它们产生破坏或试图控制它们。我们很快就会意识到，我们需要改变目前我们建造城市和基础设施如海堤、屏障和桥梁等的模式，新的模式更具弹性，适应性更强。

我们对产品的看法实际上正在经历重建。我们应该接受并支持这一观点，即这些新技术可通过使用活性材料实现。如今，我们有机会改写自己与自然世界的关系，这样我们就不再是被动的观察者，而是主动的合作者。理解编程材料的设计原则将有助于催化材料，促使其比以往做更多的事情：自我判断、自我成长、响应动态需求、不断调整。这种未来可以带来真正的材料能动性。

但我们仍处于创造这个可编程未来的早期阶段。用计算机科学来做个类比，我们正处在被 0、1 和大型机终端围绕的时代。我们已经展示了材料是可以计算、交流和感知的，但我们还没有建立复杂的界面和完美的实施方案，或实现未来的永久性可持续应用。我们需要将这些实验、实验室规模的演示、早期原型和实验性产品应用，转化为更普遍、可扩展、可广泛理解和实际应用的产品。然而，这不仅仅是一个技术规模扩大的问题，这也与技术推广曲线（technological adoption curves）有关。我们目前正处于技术创新者和早期采用者阶段。为了进步，需要让材料设计者变成发明者、工业实施者，让日常使用者变成应用者，并促进彼此之间的深度合作。从技术推广曲线可知，第一个大规模的常规发布版本的实现，将使技术跨越从早期采用者到早期大众的鸿沟。这些最初的版本将有助于获得更广泛的理解和关注，并为下一阶段的系统迁移打下基础。

我们需要升级应用程序，使我们的日常生活变得更美好。为此，研究人员、政策制定者和公众都需要继续改变看法，认清什么是可能的、什么是必要的，不断去设想和实现新的可能性。我们不应该只看到问题或思考目前做不到的事情，或者，只想象将自上而下设计的机器和能源密集型机器人作为解决方案，我们应该将材料考虑在内，思考如何缩短设计和科学之间的界限，即思考如何利用活性材料来实现目标。

融合的学科

在本书中，我们看到了可编程材料如何将设计与专业技术和典型专业领域（例如计算机科学、材料科学、生物学、化学和工程学等）融合在一起。这种融合使全新设计工艺的实现、材料的发展和制造的创新成为可能，例如多材料打印、3D整体编织和快速液体打印，所有这些在以前都是不可能的，或者只在某些专业领域应用，而普通设计师无法随意使用。设计过程正在迅速改变，并创新了在某些领域已根深蒂固的方法论，如网络行为、复杂系统、进化能力和人工智能架构。活性材料设计者最终需要成为"材料的耳语者"，告诉材料自己想要实现的功能，并与材料一起努力，同时将这些能力从材料工艺扩展到材料能动性上。因此，正如许多人之前建议的那样，未来对材料程序员的培养要求将从STEM教育转为STEAM教育，即在科学（science）、技术（technology）、工程（engineering）和数学（mathematics）中加入艺术（arts）。

这种变化已初现端倪。在MIT，我发现越来越多的机械工程、计算机科学、材料科学、生物学和其他科学或工程专业的学生报名学习设计课程。同样，我们也看到越来越多的设计专业学生选修科学和工程课程。这些学生认识到，未来的发展重在科学、工程和设计的交叉融合。学习设计的需求是如此巨大，所以我们设立了全新的设计辅修专业学位，学生能够将创造力与技术相结合，毕业后可以成为计算机科学设计师、生物学设计师、物理学设计师、地球设计师、环境设计师或任何其他类型的混合设计师。卡内基梅隆大学、伯克利学院和其他大学的混合设计硕士项目同样强调了这种学科的融合，并将其作为设计的下一个进化方向。这种设计上的转变正是材料实现可编程化的真正体现和意义所在，也就是将计算设计、物理设计与材料工程相结合。

我们需要创造合适的环境来培养这种思维和工作方式。在本书中，我描述了为什么给物质编程这件事要求我们将相关技术发展领域内具有彻底创新性的诸多探索结合起来，还描述了如何将材料编程与相关技术结合发展，以进行彻底的创造性探索。这种方法建立在严格的执行、实验和磨炼技艺的基础上，在科学测试、开发和创造材料的同时向材料学习。回望历史，个人电脑的发展是由那些为台式电脑设计个性化的和创造性的应用程序的人们主导的，而且开发的不仅仅是最初预测的那些高效的笔记本或数学模型。同样，智能材料系统的实现很可能来自创造性的定制，以及偶然出现的有意思的创造。此外，智能材料系统需要一个可以运作和培养对立力量的环境，这些对立力量包括自由与约束、创造力与才智、抽象与现实、研究与应用。在对立力量的驱动下，智能材料的应用程序趋于稳定，从而产生进步。这些应用程序的设计可以启发我们，给我们指明方向，并为我们打造足够的创造性空间来进行更大应用范围的思考，让我们将眼光放长远些，而不仅仅是追求渐进式的进步和创可贴式的修复。

打造这种环境是有先例的，想想整个 20 世纪的贝尔实验室，20世纪 70—90 年代出现的 IBM、微软、苹果和施乐，或者今天的"谷歌 X"。但是现在我们的行动还不够迅速，使得发现和开发这种类型的环境变得越来越困难。硅谷软件技术的成功、信息发展速度的快速提升，让我们把注意力都集中到了现在，集中到了即时性、当下性以及最快进入市场和最快生产产品的愿景上，而不是着眼于深刻的和根本性的变革。现在，产品交付的时间越来越短，各行业只想实现渐进式的发展，而不是鼓励创造性和创新性的长期解决方案。当然其他因素也在发挥作用，包括金融不稳定、政府倒台、流行病暴发、气候变化以及许多其他迫在眉睫的世界性难题，这些都对传统研究资金的使用提出了挑战，从而很多研究都开始转向如何实现短期应用，这反过来又带来了更多需要解决的问题，更别提实现长期的进步、带来创新的思考了。考虑到社会的短视，现在更重要的是，我们已经看到了活性材料的应用场景，那我们可以将具有创造性未来的遥远可能性与活性材料的这些近期应用场景和工程开发相结合。

通用平台，帮助创建一个"制衡"系统

为了进一步推进这一新兴混合学科的发展，我们需要制定一种设计师和科学家可共享的通用沟通机制和政策。世界各地有许多科学家、工程师和设计师用各种设计工具来创造活性材料，在包括木材、金属、塑料、摩擦片、泡沫等多种不同材料上使用各种不同的加工工艺，包括印刷、编织、层压、注射等，每一种工艺都有独特的激活机制和测试方法：

- 一方面，研究和技术能力的暴发式发展对该领域来说是重要且令人兴奋的；
- 另一方面，当研究人员没有通用的语言或工具集时，这些多样性对沟通交流、可重复性、知识转移和加速等方面提出了问题和挑战。

我们需要建立可编程材料背后的基础和科学：一种语言、一个平台和各种协议。所有这些都将共同工作，形成激活材料的通用方法。我们需要设计构成编程材料通用语言的软硬件应用程序，实现跨学科、跨机构和跨地区的应用。我们需要制定关于过程、指标和可靠的测试程序的标准，以指导我们设计、构建和分析新的活性材料。更重要的是，我们需要一个更为统一的策略来帮助加速开发，以便在不同的研究小组、学科和制造平台之间共享信息。

理想的实验平台允许设计者提出具有不同性质和活化能的材料结构设计。数字输入允许使用电、温度、湿度、光、压力和其他各种活化能。我们可以使用图像、视频、作用力和其他物理指标来跟踪、记录材料的性能，并加以分析。记录和分析的过程将有助于我们识别新出现的功能，分析研究差距，找到成功的方法，并不断进行尝试。我们可以与全世界分享我们的结论，寻求针对潜在应用和风险的反馈或指导。就像开源平台、公民科学项目或很多其他共享系统一样，这个公共平台将促进社区、技术和伦理的发展。此外，这样一个实验平台将有助于形成一种通用的材料编程语言，以及一种活性材料的元素周期表。

这种共同语言和方法的创建不仅可以提高研发速度，还可以促进研究者与日常用户和决策者就潜在的应用及风险，进行必要的沟通与对话。随着技术的进步，活性材料渗透到日常生活的方方面面这件事可能就发生在我们眼前，但这一过程仍然很难被注意到。无所不在的计算和物联网就是这一现象的典型案例。宏观来看，我们仍然过着一成不变的生活，但在我们的家、办公室、汽车、健身房、街道，甚至外太空中，计算设备无处不在。人工智能也已经嵌入我们的日常生活，尽管具有一般智能的类人机器人还没有出现。据估计，我们每天与诸多狭义人工智能系统进行交互，但几乎没有人会停下匆匆的生活脚步而去专门思索这些系统或应用背后的工作原理或逻辑，比如流媒体产品和音乐推荐、空中交通管制系统、自动驾驶和飞行系统、谷歌地图、电子邮件等。活性材料很可能同样以无缝且优雅的方式嵌入我们的日常生活，而我们甚至还不知道。

这些相似之处清楚地表明，与技术发展同步进行全社会范围的沟通对话多么重要。活性材料将产生新的风险和责任，我们必须共同面对。我们正在走向一个材料产品可以自行进化的未来，我们当然应该期待每当新技术和生产方法挑战现状时，都会出现的伦理方面的激烈辩论：

- 相对于活性材料应用带来的好处，其潜在的风险可能是什么？
- 在智能产品的整个生命周期中，我们的角色和责任是什么？
- 设计师还仅仅只是设计师吗？
- 当材料自身发生变化时，对制造业、就业和安全的影响是什么？
- 如果出了问题，谁来负责，是设计师、制造商，还是材料本身？
- 我们如何对所用材料高度活跃、不断变化的产品制定安全标准？

一个通用的平台和语言可以通过协调那些创造新技术的人、使用新技术的公众和管理新技术的政府之间的密切关系，来创建一个"制衡"系统。它将促进设计师和科学家与世界各地的人分享他们的结论，从日常用户和决策者那里寻求反馈和指导。这三方的讨论随着技术的发展而不断进行，同时也促使技术的发展不断调整。这其中也有一些带来灾难性影响的例子——这三方中的一方占主导地位，或者新技术是他们"关起门"来讨论得到的。曼哈顿计划就凸显了闭门辩论存在的问题，因为核武器的有关规定和对全球的影响几乎没有被公开审查过。区块链、人工智能、自动驾驶汽车和基因编辑技术的发明过程都阐释了我们应用新技术的多样化和不同方式，以及它们在被成功发明后是如何影响政策的，以上每一项新技术的发明都在科技、方针和公共影响方面产生了正面和负面例子。我们要鼓励社会拥抱技术进步，而不是害怕技术进步，但我们也要通过负责任的应用和富有同情心的政策来推动新技术的发明。因此，一个通用的平台可以帮助我们共享信息和标准惯例，这不仅可以提高生产能力，而且有助于指导未来符合道德标准且负责任的应用程序开发。

如果我们能将活性材料纳入思考范畴，重新展望什么是可能的、什么是最好的，那么未来将令人抑制不住地兴奋，且令人无比期待。无处不在的创造活性材料的活动将使以下情况成为可能：使具有独特制造能力的智能产品个性化和民主化。整个产品生命周期将随着材料的变化而变化，这些材料可以被组装和拆卸，重新配置，并适应各种产品类别和功能。这些产品可能是具有独特性能的活性材料产品，或者是全新的产品类别。我们可以实现将现有产品以令人惊讶的方式表现出来，或者用自下而上的方式制造出来。我们也可以创造全新类别的材料智能产品和周围环境，它们会不断适应、改变和进化。这些我们无法一一预见，只能在未来去亲历。

随着人工智能、工业自动化和机器人越来越普及，我们将继续对人类与机器人的关系产生怀疑。通过本书，我已经表明，未来的机器人可能与如今的机器人有很大的不同。它们可能是柔软的、灵活的、适应性强的材料机器人。未来的机器人是由能够感知、驱动和计算的材料组成，它们的重量更轻，使用的零部件更少，需要的电池容量更小，成本也就更低。这些软体机器人有可能淘汰传统的机电机器人，也有可能成为人类的合作伙伴。

尽管我在本书中一直强调材料可能会取代电子计算和机械机器人等传统角色，但是在可预见的将来，更有可能实现的是传统形式的电子计算、机器人和活性材料的紧密结合、相互合作。设计师、材料和机器人之间的三方合作将意味着责任，意味着各自在材料利用方面既存在着有趣的重叠，也存在着差异性。人类可以带来创造力，通过娱乐和协作，找到更好的设计解决方案。传统的机电机器人擅长全球通信、快速计算和不知疲倦的高精度运行或重复运行。材料能够感知周围的现实环境并对其做出反应，而人类和机器人往往无法做到这一点。这种分层的协作可能带来具有创造性的、新颖的、精确的、可重复的，并可随着环境发生改变的解决方案。

自我复制，信息从一代传递到另一代

一旦人类和材料成为真正的合作者，材料与人类和机器人之间的关系很可能会有巨大变化。材料不再只是被动的一方，也可以产生信息并将其传递给新的后代。在自我复制中，信息从一代传递到另一代。这种现象通常只存在于三个领域：生物、计算和机器人。然而，自我复制的物理和材料领域正源源不断地涌现。

从生物学的意义上来说，我们可以把复制看作通过化学和生物学手段产生一模一样个体的过程。复制是生命的基础。研究人员已经掌握了比生物复制快得多的计算复制，其中代码可以自我复制并产生"后代"代码——就像其生物副本一样，充满了相似性和突变性。想想一个软件病毒，它可以自我复制、变异，并传播自己的新链。最近，科学家们还把注意力集中在机器人的复制上，也就是说，机器人能够挑选自己的一部分，并制造出完全相同的复制品。

然而，早在计算和机器人复制技术取得进步之前，英国遗传学家和数学家莱昂内尔·彭罗斯（Lionel Penrose）在 1958 年就制作了一系列《自我繁殖机制》（*Mechanics of Self Reproduction*）的视频。在这项工作中，他制作了设计精细、结构巧妙的木块，当晃动木块时，木块可以传输信息，并形成新的结构：将木块放在轨道上，来回摇动轨道，这些木块就会相互碰撞，木块的初始形状和模式会促进彼此之间的连接，使相邻木块连接或断开，进而形成新的图案或重现初始图案。他的工作成功地构建了一个非生物的自我复制体。这一实验在半个多世纪后仍继续影响和激励着我们。

自组装实验室开发的一个系统进一步阐明了通过非生物和非机器人部件进行自我复制的概念。我们用简单的空心塑料球来做实验，在塑料球里面放了带有磁性的金属球。塑料球内部的磁性金属球可通过略微调整各自的位置来灵活改变整体的几何结构，并增强连接性，而塑料球外框可以随意旋转并连接到邻近的塑料球。当磁性金属球转动的角度过大时，连接就断开了，相邻的塑料球就分开了。我们做了几百个这样的塑料球，并把它们放在振动台上，给它们一个初始动能来移动，从而使它们连接、断开。我们的目标是通过观察球体因连接而形成的图案，来总结出细胞样结构生长和分裂的规律。

如图 9-1 所示，最初，这些塑料球自组装成链状。然后，这些链最终闭合成圆形结构。再次，这些圆形结构聚拢成一个点。从这个点开始，整个圆剧烈摆动，球和球之间连接的角度迫使球彼此分开，一个圆便分成两个小圆。最坚固的圆形结构一般是由 5 个、6 个、7 个或 8 个塑料球组成的，而超过 10 个塑料球构成的结构都不太稳定，最终会分开。有些圆在形成时，还会包裹单个的塑料球。这个项目向我们展示了这样的机制：非生物、非电子或非机器人的简单结构，也可以为我们展现生物细胞的生长和分裂过程。

图 9-1　展示了自我复制过程的空心塑料球实验

注：该过程包括生长、封装和分裂。这个项目通过简单的材料组件而不是机器人或生物系统来展示细胞分裂。

资料来源：Self-Assembly Lab, MIT。

不利用生物或机器人手段进行的材料复制可以为我们展现特别有趣的制造过程。如果能创造出在制造过程中可以不断自我复制的物理组件，我们就能发明一种能够生产更多机器部件的机器，就能解决困扰传统工厂的可扩展性挑战。以生物学上的制造为例，它比我们人类发明的制造系统更有效率、更厉害。人类的身体由 DNA 一路构建而成，其复杂性堪比阿伏伽德罗常数，但它非常常见。此外，人类 DNA 的错误率约为 10^{-8}，而建筑、汽车、飞机和其他人造物一直受到高失败率和低产量的困扰。一旦有了可自我复制的材料，我们就可以创建具有内置的潜在纠错功能和可扩展性的建筑用材。

例如，"分子铸造"（Molecular Foundry）和"原子到产品"（Atoms to Products，A2P）等政府项目，都专注于自下而上、从分子链一直到产品的制造。他们专注于能够自组装、自生长并实现宏观功能的化学和生物结构。其目的是通过自我组装和自我复制来实现制造能力的根本性进步，更进一步的梦想是，这些类型的自我复制设施在开启后能永远可靠地自运行下去。

在当今的制造业中，材料复制似乎是一个梦想。也许它得花很多时间才能实现，或者在设计过程中失去控制，并带来意料之外的结果。但这正是材料在设计中发挥作用的地方，有助于在制造业中创造出性能更高、非同寻常或更新颖的功能特性，并实现自然进化。

大规模物种形成

材料复制的下一步是将信息传递到每一代，就像物种形成过程一样。一旦发生了连续的大规模生产和复制，我们就可以想象在每一代都创造分化、突变，从而实现进化。每个部分很可能都有一个合格标准，也可能受现实环境的影响，变得更强、更轻、更灵活或具有更高的性能。这可能会产生带有独属于某个部分的更高合格标准基因的后代，所以随着时间的推移，它们可以自主更新设计或功能。

从制造业的角度来看，大规模物种的形成是规模化生产和规模化定制的产物。但材料的复制这个新的制造前沿技术，不但可以创造属性相同、外观不同等彼此仅存在些微差别的个体，而且可以实现智能材料产品随着时间的推移演变成具有不同功能的不同产品。正如我们前面所讨论的，在生物学、化学或计算机科学中同样存在多态性，相同的构建模块或遗传密码可以突变成完全不同的实体或功能。想想石墨烯、石墨和钻石，它们都是由碳原子构成的，但具有完全不同的性能。我们的新材料构建模块可以用代码和功能的基本构建块来制造，但会根据它们的环境进化成完全不同的种类。

通过本书，对于未来制造业，我已经跳出了传统视角，制造业的发展不再仅仅依赖于自动化程度更高的机器人或更廉价的劳动力，而是充分利用活性材料的合作性。制造业将更像是在培育不同材料种类的产品。我们可能会生产随时间变化的产品，以获得不同的功能，并持续改进。我们可以用相同的 DNA 培育不同的产品，这些产品具有不同的特点、用途、功能和外观。生产过程可能是相同的，但产品的整个生命周期可能会不断调整和改进。这些系统可能会随着时间变得更好，或者，它们可能会分解成其他东西，在分解中进化——这同样重要。

从材料到材料人工智能

一旦我们创造了具有大规模物种形成行为的制造系统，其产生的下一代就有可能获得更高水平的功能。通过将信息直接嵌入材料，我们也许能够开启它们的"进化"，创造新的功能性材料，将信息一代一代地传递下去。就像我用航空部件的例子展示的那样，它制定了新的飞行功能标准，我们最终应该能够远远超越这个例子，而进入真正的材料进化时代。每一代材料都能对内部和外部的合格标准做出反应，产生新的行为或功能。这种类型的材料进化可以带来新的设计可能性，并允许材料或产品随着时间的推移而改进。在很大程度上，进化材料目前仅在生物或计算领域得以实现，但可能很快会引发合成材料设计和生产过程的重大变化。我们可能会用自下而上的方式创造出大量似乎有生命力的活性材料，从根本上改变我们生产商品和发展商品规模的方式。这场革命将来自材料，而不是机器。我们将与我们的产品建立一种新的关系，我们会像父母、厨师或园丁那样培育新材料，而不是机械地只求它有即时的变化。

看一下计算机的发展轨迹：由模拟化的机械计算走向数字逻辑和数字计算，再发展到借助敏捷而复杂的先进软件和网络的个性化计算，最终发展为具有专业性能的自主智能系统。也许材料的发展也是如此。设计可编程材料的研究相对较新。我们已经发明了模拟材料，随着数字制造的普及，这走出了研发数字材料和新材料性能的第一步。这也为当今可编程材料的发展铺平了道路，使其具备了感知、驱动、计算、侦察、纠错以及以复杂方式相互作用的先进能力。我们很有可能已经在朝着智能和自主材料的方向发展，这些材料具有类似生命体的特性，可以运行简单的代码或复杂的程序，甚至还具备其他更高端的性能。接下来，我们很可能进入材料人工智能时代。

正如我们所看到的，有时材料比传统形式的计算机或机器人发挥的作用更大。例如，走出迷宫的黏菌向我们展示了一些最基本的生物具有的空间搜索能力、强大的计算能力和决策能力。它们可以很容易地在复杂的环境中找到食物，或者绘制出高速公路和地铁基础设施的最佳网络，它们使用的方法往往比我们人类的方法更有效率。科学家还证明了，植物可以预测太阳的方位，这不仅仅是纯粹的向光性，还体现出像动物一样进行联想学习的能力。从这些例子我们可以看出，只有有生命的物种才能学习或展示智能。然而，计算人工智能展示了它在利用专门甚至普遍智能方面的能力，也展示了它无生命的、非生物的学习能力。

为什么没有生命的材料就不能学习和强化智能呢？人类和所有其他生物系统都是由简单的材料构成的，不包含任何机器人或计算机，而且目前世界上最高的智能水平即人类智能。那么问题来了：

- 其他简单的材料组合也能做到这一点吗？
- 一块木头、金属或石头能预测模式、自主学习和适应环境吗？
- 我们能否开发出一种可以被设计、制造和编程的材料结构来展示智能？

未来的材料智能可能会告诉我们更多关于我们人类自己的智能知识，以及如何进一步增强合成形式和数字形式的智能。

创造更多具有内在智能的物理材料，可以增加我们合作解决更大难题的可能性。我们需要与材料一起合作，以解决未来在概念、数学和计算方面遇到的挑战。利用鸽子进行长途通信、利用狗闻出毒品、利用老鼠嗅出地雷、利用海豚探测水下设备、利用猪在森林找到松露……除了与动物合作，我们也会与简单的材料合作，如利用汞来测量温度、利用磁铁来指示方位、利用双金属来调节引擎温度。未来我们应该在设计、发挥人类创造力、解决实际问题方面更多地借力智能材料。回想一下，在 18 世纪，约翰·哈里森卓越地意识到，他可以用材料特性来优雅地解决一个重大的全球性问题，而以前人们认为只有复杂的天文学、数学或魔术才能解决这个问题。同样，材料智能的未来也可能融合材料科学、计算和新的制造能力，为我们今天最具挑战性的一些问题提供解决方案。正如我们已经看到的一样，合成生物学和基因编辑技术的发展，有望解决一些如癌症和遗传疾病等我们目前面临的最大威胁。不久的将来，日常材料就可以独立思考，感知疾病，发现我们环境中隐藏的力量，表现出自主性、主动性和创造性，并帮助我们解决这一代人面临的全球性挑战。

这种新的材料媒介比较活跃、可以流动且不断变化。它的这种特性与气候变化、植物的生长和适应、人类的创造力和抽象能力以及任何生物的复制都有很多共同之处，它与我们的关系会超越过去我们与材料、机器人的关系。可编程材料可能超越计算机，无处不在地嵌入每一个分子、晶体、线状物、纤维、薄片和块状物，而这些正是我们用来创造周围现实世界的材料。我在本书中概述的新观点，对未来材料编程员在不断发展的材料革命中开始设计和制造产品至关重要。这些设计原则超越了创造造型优美的产品或多功能设备的传统观念，强调与材料的合作，以创造出可以不断调整和创新的似有生命力的产品。为了实现这一目标，重新思考设计过程至关重要。制造和功能的实现需要与创意、创造相融合，而不是像今天的线性过程：先有想法，再制造，再设计功能。制造、设计和材料的调整必须同步进行。随着材料结构的出现，设计和功能实现也在不断进化。未来，制造业将涉及材料的设计、培育和生长；设计将不仅仅只关乎想法，而将是与材料合作的过程，我们需要在设计的同时了解材料的潜在性能，并"聆听"它们有什么功能或性能。材料和设计过程将是共生的。

真诚地感谢那些直接或间接地为这本书做出贡献的人，包括每一位与我们合作开展研究的工作者，以及在整个过程中给我启发和支持的人！如果没有普林斯顿大学出版社，特别是杰茜卡·姚（Jessica Yao）、埃里克·亨尼（Eric Henney）、克里斯·费兰特（Chris Ferrante）和玛德琳·亚当斯（Madeleine Adams）的无私奉献，这本书是不可能完成的。谢谢你，亲爱的读者，愿意相信这本书，这将不断鞭策我，并帮助我把想法变成现实。感谢帕齐·鲍德温（Patsy Baudoin）多年来对我所有的书不断地提出建议和指导。感谢我所在的麻省理工学院，特里·奈特（Terry Knight）、安德烈亚·奥康奈尔（Andreea O'Connell）、尼古拉斯·德芒肖（Nicholas de Monchaux）、哈希姆·萨尔基斯（Hashim Sarkis）、安德鲁·斯科特（Andrew Scott）、尹美真（Meejin Yoon）、安娜·米利亚基（Ana Miljacki）、利拉·金尼（Leila Kinney）、帕特里克·温斯顿（Patrick Winston）、埃里克·德迈纳（Erik Demaine），以及建筑系、建筑与规划学院、国际设计中心，等等。感谢每一个对本书做出贡献的人，包括塔尔·达尼诺、马努·普拉卡什、尹鹏、菲奥伦佐·奥梅内托、罗伯特·伍德、珍妮弗·刘易斯（Jennifer Lewis）、拉迪卡·纳格帕尔、法比奥·格拉马齐奥（Fabio Gramazio）、马赛亚斯·科勒（Matthias Kohler）、马塞洛·科埃略、凯西·瑞斯、本·弗莱、丹妮拉·鲁斯和苏珊娜·李。

感谢自组装实验室的整个研究团队，包括比约恩·斯帕尔曼（Bjorn Sparrman）、阿西娜·帕帕多波罗（Athina Papadopoulou），以及我的联合主管贾里德·劳克斯和申迪·克尼赞。如果没有我们出色的团队成员，相关工作就不可能完成。感谢那些非人类的材料合作者，因为你们是真正的设计师，你们让我们时刻保持警觉，用我们无法预见的现实给我们惊喜。感谢我们的人类合作者：克里斯托夫·居伯朗、哈桑·马尼库、萨拉·多尔、道格·霍姆斯（Doug Holmes）、阿瑟·奥尔森、马塞洛·科埃略、尼尔·格申费尔德（Neil Gershenfeld）、汤姆·克莱普尔（Tom Claypool）、吉汗·阿玛阿希里瓦德纳（Gihan Amarasiriwardena），以及格拉马齐奥 - 科勒研究中心、帕特里克·帕里什画廊（Patrick Parrish Gallery）、斯图加特大学计算设计研究所、Ministry of Supply 公司、美国先进功能织物(AFFOA)、Steelcase 公司、AWTC、费列罗、空客、Carbitex 有限责任公司、Native 鞋业公司、宝马、Stratasys、Autodesk、谷歌、Tencate，以及许多其他公司。最后但同样重要的是，感谢我的父母和家人，感谢你们这么多年来的支持，感谢你们忍受了这个永无止境的写书计划！

"Active Textile Tailoring." n.d. Accessed June 15, 2020.

Aejmelaeus-Lindström, Petrus, Ammar Mirjan, Fabio Gramazio, Matthias Kohler, Schendy Kernizan, Björn Sparrman, Jared Laucks, and Skylar Tibbits. 2017. "Granular Jamming of Loadbearing and Reversible Structures: Rock Print and Rock Wall." *Architectural Design* 87 (4): 82–87.

Aejmelaeus-Lindström, Petrus, Jan Willmann, Skylar Tibbits, Fabio Gramazio, and Matthias Kohler. 2016. "Jammed Architectural Structures: Towards Large-Scale Reversible Construction." *Granular Matter* 18 (2): 28.

"Arduino—Home." n.d. Accessed June 16, 2020.

Barrangou, Rodolphe. 2015. "The Roles of CRISPR-Cas Systems in Adaptive Immunity and Beyond." *Current Opinion in Immunology* 32 (February): 36–41.

"Berkeley Arts + Design Programs." n.d. Accessed June 15, 2020.

"Beyond Vision." n.d. Marcelo Coelho. Accessed June 15, 2020.

"Biofabricate." n.d. Accessed June 15, 2020.

Blaiszik, B. J., S. L. B. Kramer, S. C. Olugebefola, J. S. Moore, N. R. Sottos, and S. R. White. 2010. "Self-Healing Polymers and Composites." *Annual Review of Materials Research* 40 (1): 179–211.

Boley, J. William, Wim M. van Rees, Charles Lissandrello, Mark N. Horenstein, Ryan L. Truby, Arda Kotikian, Jennifer A. Lewis, and L. Mahadevan. 2019. "Shape-Shifting Structured Lattices via Multimaterial 4D Printing." *Proceedings of the National Academy of Sciences of the United States of America* 116 (42): 20856–62.

Boneh, Dan, Christopher Dunworth, Richard J. Lipton, and Jirí Sgall. 1996. "On the Computational Power of DNA." *Discrete Applied Mathematics* 71 (1): 79–94.

Braverman, Irus. 2012. "Passing the Sniff Test: Police Dogs as Surveillance Technology." August. *Buffalo Law Review*.

Brinkman, William F., Douglas E. Haggan, and William W. Troutman. 1997. "A History of the Invention of the Transistor and Where It Will Lead Us." *IEEE Journal of Solid-State Circuits* 32 (12): 1858–65.

Cai, Liquan, Alfred L. Fisher, Haochu Huang, and Zijian Xie. 2016. "CRISPR-Mediated Genome Editing and Human Diseases." *Genes and Diseases*.

Cameron, James, and G. Hurd. 1984. *The Terminator* [Motion Picture]. Orion Pictures.

Cardelli, Luca, and Peter Wegner. 1985. "On Understanding Types, Data Abstraction, and Polymorphism." *ACM Comput. Surv.* 17 (4): 471–523.

"Carnegie Mellon School of Design." n.d. Accessed June 15, 2020.

Chang, Jan-Kai, Hui Fang, Christopher A. Bower, Enming Song,

Xinge Yu, and John A. Rogers. 2017. "Materials and Processing Approaches for Foundry-Compatible Transient Electronics." *Proceedings of the National Academy of Sciences of the United States of America* 114 (28): E5522–29.

Cheung, K. C., E. D. Demaine, J. R. Bachrach, and S. Griffith. 2011. "Programmable Assembly with Universally Foldable Strings (Moteins)." *IEEE Transactions on Robotics* 27 (4): 718–29.

Chiodo, Joseph, and Nick Jones. 2012. "Smart Materials Use in Active Disassembly." *Assembly Automation.*

Chowdhury, Sreyan, Samual Castro, Courtney Coker, Taylor E. Hinchliffe, Nicholas Arpaia, and Tal Danino. 2019. "Programmable Bacteria Induce Durable Tumor Regression and Systemic Antitumor Immunity." *Nature Medicine* 25: 1057–63.

Church, George M., Yuan Gao, and Sriram Kosuri. 2012. "Next-Generation Digital Information Storage in DNA." *Science* 337 (6102): 1628.

Church, George M., and Ed Regis. 2014. *Regenesis: How Synthetic Biology Will Reinvent Nature and Ourselves.* Basic Books.

"Climate-Active Textiles." n.d. Accessed June 15, 2020.

Cohen, Zach, Nathaniel Elberfeld, Andrew Moorman, Jared Laucks, Schendy Kernizan, Douglas Holmes, and Skylar Tibbits. 2020. "Superjammed: Tunable and Morphable Spanning Structures through Granular Jamming." *Technology | Architecture + Design* 4 (2): 211–20.

Correa, David, Athina Papadopoulou, Christophe Guberan, Nynika Jhaveri, Steffen Reichert, Achim Menges, and Skylar Tibbits. 2015. "3D-Printed Wood: Programming Hygroscopic Material Transformations."

3D Printing and Additive Manufacturing.

Cramer, Nicholas B., Daniel W. Cellucci, Olivia B. Formoso, Christine E. Gregg, Benjamin E. Jenett, Joseph H. Kim, Martynas Lendraitis, et al. 2019. "Elastic Shape Morphing of Ultralight Structures by Programmable Assembly." *Smart Materials and Structures* 28 (5): 055006.

Darwin, Charles. 1859. *On the Origin of Species by Means of Natural Selection, or The Preservation of Favoured Races in the Struggle for Life.* W. Clowes and Sons.

Davis, Martin. 2018. *The Universal Computer: The Road from Leibniz to Turing.* 3rd edition. CRC Press.

Denning, P. J., D. E. Comer, D. Gries, M. C. Mulder, A. Tucker, A. J. Turner, and P. R. Young. 1989. "Computing as a Discipline." *Computer* 22 (2): 63–70.

Dierichs, Karola, and Achim Menges. 2016. "Towards an Aggregate Architecture: Designed Granular Systems as Programmable Matter in Architecture." *Granular Matter.*

Dierichs, Karola, Tobias Schwinn, and Achim Menges. 2013. "Robotic Pouring of Aggregate Structures." *Rob | Arch 2012.*

"Ecovative Design." n.d. Accessed June 15, 2020.

Evans, Claire. 2020. "Beyond Smart Rocks: It's Time to Reimagine What a Computer Could Be." *Grow.*

Ford, E. B. 1966. "Genetic Polymorphism." *Proceedings of the Royal Society of London. Series B, Containing Papers of a Biological Character. Royal Society* 164 (995): 350–61.

Frazer, John. 1995. *An Evolutionary Architecture.* Architectural

Association Publications.

Fredkin, Edward, and Tommaso Toffoli. 1982. "Conservative Logic." *International Journal of Theoretical Physics* 21 (3): 219–53.

Gagliano, Monica, Vladyslav V. Vyazovskiy, Alexander A. Borbély, Mavra Grimonprez, and Martial Depczynski. 2016. "Learning by Association in Plants." *Scientific Reports*.

Gambhir, Murari Lal. 2013. *Concrete Technology: Theory and Practice*. Tata McGraw-Hill Education.

Gershenfeld, N. 2005. *Fab: The Coming Revolution on Your Desktop*. Basic Books.

Gershenfeld, Neil, Alan Gershenfeld, and Joel Cutcher-Gershenfeld. 2017. *Designing Reality: How to Survive and Thrive in the Third Digital Revolution*. Basic Books.

Giraldo, Juan Pablo, Markita P. Landry, Sean M. Faltermeier, Thomas P. McNicholas, Nicole M. Iverson, Ardemis A. Boghossian, Nigel F. Reuel, et al. 2014. "Erratum: Corrigendum: Plant Nanobionics Approach to Augment Photosynthesis and Biochemical Sensing." *Nature Materials*.

Goldstein, S. C., J. D. Campbell, and T. C. Mowry. 2005. "Programmable Matter." *Computer* 38 (6): 99–101.

Goodfellow, Ian J., Jean Pouget-Abadie, Mehdi Mirza, Bing Xu, David Warde-Farley, Sherjil Ozair, Aaron Courville, and Yoshua Bengio. 2014. "Generative Adversarial Networks."

Gramazio, Fabio, Matthias Kohler, and Silke Langenberg. 2017. "Foreword by the Editors." *Fabricate* 2014.

Grönquist, Philippe, Dylan Wood, Mohammad M. Hassani, Falk K. Wittel, Achim Menges, and Markus Rüggeberg. 2019. "Analysis of

Hygroscopic Self-Shaping Wood at Large Scale for Curved Mass Timber Structures." *Science Advances* 5 (9): eaax1311.

Hajash, Kathleen, Bjorn Sparrman, Christophe Guberan, Jared Laucks, and Skylar Tibbits. 2017. "Large-Scale Rapid Liquid Printing." *3D Printing and Additive Manufacturing* 4 (3): 123–32.

Hall, D., and C. Williams. 2014. *Big Hero 6* [Motion Picture]. Walt Disney Studios.

Hans, Stoehr. 1938. Jacquard loom. USPTO 2136328. U.S. Patent, filed November 12, 1937, and issued November 8, 1938.

Harper, Robert. 2014. "Structure and Efficiency of Computer Programs." *Structure*.

Hodges, Andrew. 2014. *Alan Turing: The Enigma: The Book That Inspired the Film The Imitation Game*. Updated edition. Princeton University Press.

Howe, H. E. 1955. "Teaching Power Tools to Run Themselves." *Popular Science*. August.

Huerta, Santiago. 2006. "Structural Design in the Work of Gaudí." *Architectural Science Review*.

Jenett, Benjamin, Sam Calisch, Daniel Cellucci, Nick Cramer, Neil Gershenfeld, Sean Swei, and Kenneth C. Cheung. 2017. "Digital Morphing Wing: Active Wing Shaping Concept Using Composite Lattice-Based Cellular Structures." *Soft Robotics* 4 (1): 33–48.

Jonkers, Henk M. 2007. "Self Healing Concrete: A Biological Approach." *Springer Series in Materials Science*.

Karban, Richard. 2015. *Plant Sensing and Communication*. University of Chicago Press.

Karras, Tero, Timo Aila, Samuli Laine, and Jaakko Lehtinen. 2017. "Progressive Growing of GANs for Improved Quality, Stability, and Variation."

Katsikis, Georgios, James S. Cybulski, and Manu Prakash. 2015. "Synchronous Universal Droplet Logic and Control." *Nature Physics* 11 (7): 588–96.

Ke, Yonggang, Luvena L. Ong, William M. Shih, and Peng Yin. 2012. "Three-Dimensional Structures Self-Assembled from DNA Bricks." *Science* 338 (6111): 1177–83.

Kim, Dae-Hyeong, Jonathan Viventi, Jason J. Amsden, Jianliang Xiao, Leif Vigeland, Yun-Soung Kim, Justin A. Blanco, Bruce Panilaitis, Eric S. Frechette, Diego Contreras, David L. Kaplan, Fiorenzo G. Omenetto, Yonggang Huang, Keh-Chih Hwang, Mitchell R. Zakin, Brian Litt, and John A. Rogers. 2010. "Dissolvable Films of Silk Fibroin for Ultrathin Conformal Bio-Integrated Electronics." *Nature Materials* 9 (6): 511–17.

Knaian, A. N., K. C. Cheung, M. B. Lobovsky, A. J. Oines, P. Schmidt-Neilsen, and N. A. Gershenfeld. 2012. "The Milli-Motein: A Self-Folding Chain of Programmable Matter with a One Centimeter Module Pitch." In *2012 IEEE/RSJ International Conference on Intelligent Robots and Systems*, 1447–53. Institute of Electrical and Electronics Engineers.

Knight, J. B., H. M. Jaeger, and S. R. Nagel. 1993. "Vibration-Induced Size Separation in Granular Media: The Convection Connection." *Physical Review Letters* 70 (24): 3728–31.

Krieg, Oliver David, Zachary Christian, David Correa, Achim Menges, Steffen Reichert, Katja Rinderspacher, and Tobias Schwinn. 2017.

"HygroSkin." *Fabricate* 2014.

Kudless, Andrew, Urs Leonhard Hirschberg, Martin Kaftan, and Roberto Apéstigue García. 2011. "Bodies in Formation: The Material Evolution of Flexible Formworks."

Kwak, Seon-Yeong, Juan Pablo Giraldo, Tedrick Thomas Salim Lew, Min Hao Wong, Pingwei Liu, Yun Jung Yang, Volodymyr B. Koman, Melissa K. McGee, Bradley D. Olsen, and Michael S. Strano. 2018. "Polymethacrylamide and Carbon Composites That Grow, Strengthen, and Self-Repair Using Ambient Carbon Dioxide Fixation." *Advanced Materials* 30 (46): e1804037.

Ladd, Collin, Ju-Hee So, John Muth, and Michael D. Dickey. 2013. "3D Printing of Free Standing Liquid Metal Microstructures." *Advanced Materials* 25 (36): 5081–85.

Lafreniere, Benjamin, Tovi Grossman, Fraser Anderson, Justin Matejka, Heather Kerrick, Danil Nagy, Lauren Vasey, et al. 2016. "Crowdsourced Fabrication." *Proceedings of the 29th Annual Symposium on User Interface Software and Technology.*

Land, Michelle H. 2013. "Full STEAM Ahead: The Benefits of Integrating the Arts into STEM." *Procedia Computer Science.*

Laser, Stefan. 2016. "A Phone Worth Keeping for the Next 6 Billion? Exploring the Creation of a Modular Smartphone Made by Google." *Müll.*

Lee, Suzanne. 2005. *Fashioning the Future: Tomorrow's Wardrobe.* Thames and Hudson.

LeWitt, Sol, Martin Friedman, San Francisco Museum of Modern Art, and Whitney Museum of American Art. 2000. *Sol LeWitt: A Retrospective.* Yale University Press.

Liddell, Ian. 2015. "Frei Otto and the Development of Gridshells." *Case Studies in Structural Engineering*.

"Living Matter." 2017. *Active Matter*.

"Longitude: The True Story of a Lone Genius Who Solved the Greatest Scientific Problem of His Time." 1996. *Choice Reviews Online*.

Lussi, Manuel, Timothy Sandy, Kathrin Dorfler, Norman Hack, Fabio Gramazio, Matthias Kohler, and Jonas Buchli. 2018. "Accurate and Adaptive in Situ Fabrication of an Undulated Wall Using an on-Board Visual Sensing System." *2018 IEEE International Conference on Robotics and Automation (ICRA)*.

Maeda, John, and Red Burns. 2005. "Creative Code." *Education* 7: 177.

"Makey Makey." n.d. Makey Shop. Accessed June 15, 2020.

Marsh, Leslie, and Christian Onof. 2008. "Stigmergic Epistemology, Stigmergic Cognition." *Cognitive Systems Research*.

McCartney, Scott. 1999. *ENIAC: The Triumphs and Tragedies of the World's First Computer*. Walker & Company.

McMillan, Fiona. 2017. "The Rise of Self-Healing Materials," December.

Mehlhorn, Julia, and Gerd Rehkämper. 2009. "Neurobiology of the Homing Pigeon—a Review." *Naturwissenschaften*.

Meissner, Irene, and Eberhard Möller. 2015. *Frei Otto: A Life of Research, Construction and Inspiration*. Birkhauser.

Melenbrink, Nathan, Panagiotis Michalatos, Paul Kassabian, and Justin Werfel. 2017. "Using Local Force Measurements to Guide Construction by Distributed Climbing Robots." *2017 IEEE/RSJ*

International Conference on Intelligent Robots and Systems (IROS).

Menges, Achim. 2012. *Material Computation: Higher Integration in Morphogenetic Design*. John Wiley & Sons.

Menges, Achim, and Steffen Reichert. 2015. "Performative Wood: Physically Programming the Responsive Architecture of the HygroScope and HygroSkin Projects." *Architectural Design*.

Mirjan, Ammar, Federico Augugliaro, Raffaello D'Andrea, Fabio Gramazio, and Matthias Kohler. 2016. "Building a Bridge with Flying Robots." *Robotic Fabrication in Architecture, Art and Design 2016*.

Miyashita, S., S. Guitron, M. Ludersdorfer, C. R. Sung, and D. Rus. 2015. "An Untethered Miniature Origami Robot That Self-Folds, Walks, Swims, and Degrades." In *2015 IEEE International Conference on Robotics and Automation (ICRA)*, 1490–96. Institute of Electrical and Electronics Engineers.

"Modern Meadow." n.d. Accessed June 15, 2020.

"Molecular Foundry." n.d. Accessed June 15, 2020.

Montfort, Nick. 2016. *Exploratory Programming for the Arts and Humanities*. MIT Press.

Moorman, Andrew. 2020. "Machine Learning Inspired Synthetic Biology: Neuromorphic Computing in Mammalian Cells." Master's thesis, Massachusetts Institute of Technology.

Morrison, Robert J., Scott J. Hollister, Matthew F. Niedner, Maryam Ghadimi Mahani, Albert H. Park, Deepak K. Mehta, Richard G. Ohye, and Glenn E. Green. 2015. "Mitigation of Tracheobronchomalacia with 3D-Printed Personalized Medical Devices in Pediatric Patients." *Science Translational Medicine* 7 (285): 285ra64.

Moubarak, Paul, and Pinhas Ben-Tzvi. 2012. "Modular and Reconfigurable Mobile Robotics." *Robotics and Autonomous Systems.*

Murphy, Kieran A., Nikolaj Reiser, Darius Choksy, Clare E. Singer, and Heinrich M. Jaeger. 2016. "Freestanding Loadbearing Structures with Z-Shaped Particles." *Granular Matter.*

Negroponte, Nicholas. 1996. *Being Digital.* Vintage Books.

Olson, Arthur J. 2015. "Self-Assembly Gets Physical." *Nature Nanotechnology* 10 (8): 728.

Onal, C. D., M. T. Tolley, R. J. Wood, and D. Rus. 2015. "Origami-Inspired Printed Robots." *IEEE/ASME Transactions on Mechatronics* 20 (5): 2214–21.

Oxman, Neri, J. Laucks, M. Kayser, J. Duro-Royo, and C. Gonzales-Uribe. 2014. "Silk Pavilion: A Case Study in Fibre-based Digital Fabrication." In *FABRICATE Conference Proceedings*, ed. Fabio Gramazio, Matthias Kohler, and Silke Langenberg, 248–55. gta Verlag.

Papadopoulou, Athina, Jared Laucks, and Skylar Tibbits. 2017a. "From Self-Assembly to Evolutionary Structures." *Architectural Design* 87 (4): 28–37.

———. 2017b. "General Principles for Programming Material." In *Active Matter*, 125–42. MIT Press.

Paul, Chandana. 2006. "Morphological Computation: A Basis for the Analysis of Morphology and Control Requirements." *Robotics and Autonomous Systems* 54 (8): 619–30.

Paun, Gheorghe, Grzegorz Rozenberg, and Arto Salomaa. 2005. *DNA Computing: New Computing Paradigms.* Springer Science & Business Media.

Penrose, L. S. 1958. "Mechanics of Self-Reproduction." *Annals of Human Genetics* 23 (1): 59–72.

Pilkey, Orrin H., and J. Andrew G. Cooper. 2012. "'Alternative' Shoreline Erosion Control Devices: A Review." In *Pitfalls of Shoreline Stabilization: Selected Case Studies*, edited by J. Andrew G. Cooper and Orrin H. Pilkey, 187–214. Springer.

"Polymagnets—Correlated Magnetics." n.d. Correlated Magnetics. Accessed June 15, 2020.

Popescu, George A. 2007. "Digital Materials for Digital Fabrication." Master's thesis, Massachusetts Institute of Technology.

Prakash, Manu, and Neil Gershenfeld. 2007. "Microfluidic Bubble Logic." *Science* 315 (5813): 832–35.

Pray, Leslie. 2008. "DNA Replication and Causes of Mutation." *Nature Education* 1 (1): 214.

"Professor Seymour Papert." N.d. Accessed June 15, 2020.

"Program Seeks Ability to Assemble Atom-Sized Pieces into Practical Products." 2015. Accessed June 15, 2020.

Radford, Alec, Luke Metz, and Soumith Chintala. 2015. "Unsupervised Representation Learning with Deep Convolutional Generative Adversarial Networks."

"Radical Atoms | ACM Interactions." n.d. Accessed June 15, 2020.

Reas, Casey, and Ben Fry. 2007. *Processing: A Programming Handbook for Visual Designers and Artists*. MIT Press.

Reichert, Steffen, Achim Menges, and David Correa. 2015. "Meteorosensitive Architecture: Biomimetic Building Skins Based on Materially Embedded and Hygroscopically Enabled Responsiveness."

Computer-Aided Design.

Reid, Chris R., Tanya Latty, Audrey Dussutour, and Madeleine Beekman. 2012. "Slime Mold Uses an Externalized Spatial 'Memory' to Navigate in Complex Environments." *Proceedings of the National Academy of Sciences of the United States of America* 109 (43): 17490–94.

Resnick, Mitchel, and Ken Robinson. 2017. *Lifelong Kindergarten: Cultivating Creativity through Projects, Passion, Peers, and Play.* MIT Press.

Rubenstein, M., A. Cornejo, and R. Nagpal. 2014. "Programmable Self-Assembly in a Thousand-Robot Swarm." *Science.*

Sanan, Siddharth, Peter S. Lynn, and Saul T. Griffith. 2014. "Pneumatic Torsional Actuators for Inflatable Robots." *Journal of Mechanisms and Robotics* 6 (3).

Sasaki, Takao, and Dora Biro. 2017. "Cumulative Culture Can Emerge from Collective Intelligence in Animal Groups." *Nature Communications* 8 (April): 15049.

Schlangen, Erik, and Christopher Joseph. 2009. "Self-Healing Processes in Concrete." *Self-Healing Materials: Fundamentals, Design Strategies, and Applications.*

Self-Assembly Lab. n.d. "Liquid Printed Metal." Accessed June 15,2020.

Self-Assembly Lab, Christophe Guberan, Erik Demaine, Carbitex LLC, and Autodesk Inc. n.d. "Programmable Materials." Accessed June 15, 2020.

Senatore, Gennaro, Philippe Duffour, Pete Winslow, and Chris Wise. 2017. "Shape Control and Whole-Life Energy Assessment of an 'Infinitely

Stiff" Prototype Adaptive Structure." *Smart Materials and Structures* 27 (1): 015022.

Shannon, Claude Elwood. 1940. "A Symbolic Analysis of Relay and Switching Circuits." Massachusetts Institute of Technology.

Shapiro, Fred R. 1987. "Etymology of the Computer Bug: History and Folklore." *American Speech* 62 (4): 376–78.

Shetterly, Margot Lee. 2018. *Hidden Figures*. HarperCollins.

Sitthi-Amorn, Pitchaya, Javier E. Ramos, Yuwang Wangy, Joyce Kwan, Justin Lan, Wenshou Wang, and Wojciech Matusik. 2015. "MultiFab: A Machine Vision Assisted Platform for Multi-Material 3D Printing." *ACM Transactions on Graphics*, no. 129 (July).

Stanford University. 2015. "Stanford Engineers Develop Computer That Operates on Water Droplets." *Stanford News*. June 8.

Steadman, Ian. 2012. "Brian Eno on Music That Thinks for Itself." *Wired*, September 28.

"STEM Kits & Robotics for Kids | Inspire STEM Education with Sphero."n.d. Sphero. Accessed June 15, 2020.

Stephenson, Neal. 1998. *The Diamond Age*. Penguin.

Stoy, Kasper, David Brandt, and David J. Christensen. 2010. *Self-Reconfigurable Robots: An Introduction*. MIT Press.

Sutherland, Ivan E. 1964. "Sketchpad a Man-Machine Graphical Communication System." *Simulation* 2 (5): R—3—R—20.

Tessler, Michael, Mercer R. Brugler, John A. Burns, Nina R. Sinatra, Daniel M. Vogt, Anand Varma, Madelyne Xiao, Robert J. Wood, and David F. Gruber. 2020. "Ultra-Gentle Soft Robotic Fingers Induce Minimal Transcriptomic Response in a Fragile Marine Animal." *Current Biology:*

CB 30 (4): R157–58.

Thompson, D'arcy Wentworth. 1917. "On Growth and Form."

Tibbits, Skylar. 2012. "Design to Self-Assembly." *Architectural Design* 82 (2): 68–73.

———. 2017. *Active Matter*. MIT Press.

Tibbits, Skylar J. E. 2010. "Logic Matter: Digital Logic as Heuristics for Physical Self-Guided-Assembly." Massachusetts Institute of Technology.

Tibbits, S., and A. Falvello. 2013. "Biomolecular, Chiral and Irregular Self-Assemblies."

Tibbits, Skylar, Neil Gershenfeld, Kenny Cheung, Max Lobovsky, Erik Demaine, Jonathan Bachrach, and Jonathan Ward. n.d. "Biased Chains." Accessed June 15, 2020.

Turing, Alan Mathison. 1952. "The Chemical Basis of Morphogenesis." *Philosophical Transactions of the Royal Society of London. Series B, Biological Sciences* 237 (641): 37–72.

Vasu, Subeesh, Nimisha Thekke Madam, and Rajagopalan A. N. 2018. "Analyzing Perception-Distortion Tradeoff Using Enhanced Perceptual Super-Resolution Network."

Vella, Dominic, and L. Mahadevan. 2005. "The 'Cheerios Effect.'" *American Journal of Physics* 73 (9): 817–25.

Wehner, Michael, Ryan L. Truby, Daniel J. Fitzgerald, Bobak Mosadegh, George M. Whitesides, Jennifer A. Lewis, and Robert J. Wood. 2016. "An Integrated Design and Fabrication Strategy for Entirely Soft, Autonomous Robots." *Nature* 536 (7617): 451–55.

Wei, Bryan, Mingjie Dai, and Peng Yin. 2012. "Complex Shapes

Self-Assembled from Single-Stranded DNA Tiles." *Nature* 485 (7400): 623–26.

Willmann, Jan, Fabio Gramazio, and Matthias Kohler. 2015. "Gramazio Kohler Research, Automated Diversity: New Morphologies of Vertical Urbanism." *Architectural Design*.

Wolfram, Stephen. 2002. *A New Kind of Science*. Vol. 5. Wolfram Media.

Wu, Jiajun, Chengkai Zhang, Tianfan Xue, William T. Freeman, and Joshua B. Tenenbaum. 2016. "Learning a Probabilistic Latent Space of Object Shapes via 3D Generative-Adversarial Modeling."

Wu, Jinrong, Li-Heng Cai, and David A. Weitz. 2017. "Self-Healing Materials: Tough Self-Healing Elastomers by Molecular Enforced Integration of Covalent and Reversible Networks (Adv. Mater. 38/2017)." *Advanced Materials*.

Yao, Lining, Jifei Ou, Chin-Yi Cheng, Helene Steiner, Wen Wang, Guanyun Wang, and Hiroshi Ishii. 2015. "bioLogic: Natto Cells as Nanoactuators for Shape Changing Interfaces." In *Proceedings of the 33rd Annual ACM Conference on Human Factors in Computing Systems*, 1–10. Association for Computing Machinery.

Zavada, Scott R. Nicholas R. McHardy, Keith L. Gordon, and Timothy F. Scott. 2015. "Rapid, Puncture-Initiated Healing via Oxygen-Mediated Polymerization." *ACS Macro Letters*, July.

Zhang, Zhizhou, Kahraman G. Demir, and Grace X. Gu. 2019. "Developments in 4D-Printing: A Review on Current Smart Materials, Technologies, and Applications." *International Journal of Smart and Nano Materials* 10 (3): 205–24.

Zykov, Victor, Efstathios Mytilinaios, Bryant Adams, and Hod Lipson. 2005. "Robotics: Self-Reproducing Machines." *Nature* 435 (7039): 163–64.

未来，属于终身学习者

我们正在亲历前所未有的变革——互联网改变了信息传递的方式，指数级技术快速发展并颠覆商业世界，人工智能正在侵占越来越多的人类领地。

面对这些变化，我们需要问自己：未来需要什么样的人才？

答案是，成为终身学习者。终身学习意味着具备全面的知识结构、强大的逻辑思考能力和敏锐的感知力。这是一套能够在不断变化中随时重建、更新认知体系的能力。阅读，无疑是帮助我们整合这些能力的最佳途径。

在充满不确定性的时代，答案并不总是简单地出现在书本之中。"读万卷书"不仅要亲自阅读、广泛阅读，也需要我们深入探索好书的内部世界，让知识不再局限于书本之中。

湛庐阅读 App: 与最聪明的人共同进化

我们现在推出全新的湛庐阅读 App，它将成为您在书本之外，践行终身学习的场所。

- 不用考虑"读什么"。这里汇集了湛庐所有纸质书、电子书、有声书和各种阅读服务。
- 可以学习"怎么读"。我们提供包括课程、精读班和讲书在内的全方位阅读解决方案。
- 谁来领读？您能最先了解到作者、译者、专家等大咖的前沿洞见，他们是高质量思想的源泉。
- 与谁共读？您将加入到优秀的读者和终身学习者的行列，他们对阅读和学习具有持久的热情和源源不断的动力。

在湛庐阅读 App 首页，编辑为您精选了经典书目和优质音视频内容，每天早、中、晚更新，满足您不间断的阅读需求。

【特别专题】【主题书单】【人物特写】等原创专栏，提供专业、深度的解读和选书参考，回应社会议题，是您了解湛庐近千位重要作者思想的独家渠道。

在每本图书的详情页，您将通过深度导读栏目【专家视点】【深度访谈】和【书评】读懂、读透一本好书。

通过这个不设限的学习平台，您在任何时间、任何地点都能获得有价值的思想，并通过阅读实现终身学习。我们邀您共建一个与最聪明的人共同进化的社区，使其成为先进思想交汇的聚集地，这正是我们的使命和价值所在。

CHEERS

湛庐阅读 App
使用指南

读什么

· 纸质书
· 电子书
· 有声书

怎么读

· 课程
· 精读班
· 讲书
· 测一测
· 参考文献
· 图片资料

与谁共读

· 主题书单
· 特别专题
· 人物特写
· 日更专栏
· 编辑推荐

谁来领读

· 专家视点
· 深度访谈
· 书评
· 精彩视频

HERE COMES EVERYBODY

下载湛庐阅读 App
一站获取阅读服务

图书在版编目（CIP）数据

新材料革命 / （美）斯凯拉·蒂比茨
(Skylar Tibbits) 著；李丹译. -- 杭州：浙江教育出
版社，2023.6
　ISBN 978-7-5722-5944-9

　Ⅰ. ①新… Ⅱ. ①斯… ②李… Ⅲ. ①新材料应用—
研究 Ⅳ. ①TB3

　中国国家版本馆CIP数据核字(2023)第106531号

浙江省版权局
著作权合同登记号
图字：11-2023-169号

上架指导：科技趋势 / 商业

新材料革命
XIN CAILIAO GEMING

[美] 斯凯拉·蒂比茨（Skylar Tibbits）　著
李丹　译

责任编辑：高露露
美术编辑：韩　波
责任校对：王晨儿
责任印务：陈　沁
封面设计：ablackcover.com
出版发行：浙江教育出版社（杭州市天目山路 40 号　电话：0571-85170300-80928）
印　　刷：天津中印联印务有限公司
开　　本：710mm×965mm 1/16
印　　张：13.25
版　　次：2023 年 6 月第 1 版
书　　号：ISBN 978-7-5722-5944-9

插　　页：1
字　　数：170 千字
印　　次：2023 年 6 月第 1 次印刷
定　　价：89.90 元

如发现印装质量问题，影响阅读，请致电 010-56676359 联系调换。